DATANMI ZHILÜ

大探秘之旅

洞穴奇观

DONGXUE QIGUAN

知识达人◎编著

5A

成都地图出版社

图书在版编目（CIP）数据

洞穴奇观 / 知识达人编著 . — 成都：成都地图出版社，2017.1（2021.8 重印）
（大探秘之旅）
ISBN 978-7-5557-0470-6

Ⅰ . ①洞… Ⅱ . ①知… Ⅲ . ①溶洞—普及读物 Ⅳ .
① P931.5-49

中国版本图书馆 CIP 核字 (2016) 第 210825 号

大探秘之旅——洞穴奇观

责任编辑： 向贵香
封面设计： 纸上魔方

出版发行： 成都地图出版社
地　　址： 成都市龙泉驿区建设路 2 号
邮政编码： 610100
电　　话： 028 - 84884826（营销部）
传　　真： 028 - 84884820

印　　刷： 固安县云鼎印刷有限公司
（如发现印装质量问题，影响阅读，请与印刷厂商联系调换）

开　　本： 710mm×1000mm　1/16			
印　　张： 8	**字　　数：** 160 千字		
版　　次： 2017 年 1 月第 1 版	**印　　次：** 2021 年 8 月第 4 次印刷		
书　　号： ISBN 978-7-5557-0470-6			

定　　价： 38.00 元

目录

极负盛名的桂林芦笛岩洞 / 1

"闽山第一洞"福建玉华洞 / 9

"岩溶博物馆"贵州织金洞 / 16

"第一"溶洞湖南黄龙洞 / 23

湖南梅山龙宫的"青龙戏水" / 33

"冰雪世界"重庆雪玉洞 / 41

辉煌的重庆芙蓉洞 / 48

如仙境一般的浙江瑶琳洞 / 53

目录

绝美的湖北腾龙洞 / 60

流光溢彩的陕西柞水洞 / 67

河北嶂山白云洞真是个迷宫 / 74

北京石花洞中的地质奇观 / 80

雄伟的辽宁本溪水洞 / 87

外形像熏肉的美国猛犸洞 / 93

壮美的美国卡尔斯巴德洞窟 / 100

最美的美国列楚基耶洞 / 106

美丽的墨西哥奈卡水晶洞 / 112

最迷人的墨西哥燕子洞 / 116

位于水下的洪都拉斯大蓝洞 / 120

极负盛名的
桂林芦笛岩洞

地球上有很多美丽壮观的奇特建筑，比如我国的长城。其实，地球上还有很多壮丽的地理自然景观，比如被称为"大自然的艺术之宫"的芦笛岩洞。

芦笛岩洞可以说是桂林山水一颗璀璨的明珠，在国内外都享有盛誉，被认为是七大洲最酷的自然景观之一。它坐落在广西壮族自治区桂林市西北郊的光明山（也叫茅茅头山）的南侧，离市中心大概有6千米，是我国极负盛名的旅游洞穴之一。

　　以前，芦笛岩洞中经常有一些小野猫等野兽出没，因此又叫"野猫岩"。后来，人们发现洞里的植物可以用来做小笛子，而且吹出的声音十分悦耳动听，于是当地人就把这个岩洞取名为芦笛岩洞。芦笛岩洞是在唐朝时被发现的，距今已经有1000多年的历史了。据说当时这个岩洞最多可以容纳1000多人呢！至今这个洞内还留下了70多幅保存完好的古代壁画等许多珍贵的文人墨迹。洞的平面图像一个口袋，又像一只草鞋，十分有趣。

芦笛岩洞景色壮观，沐浴在一片蓝紫色的光芒中，吸引了很多游人前来观看，因此又有人给它起名为"国宾洞"。自古以来，歌颂它的诗词和文章数不胜数。老革命家熊瑾玎还专门写下一首描写洞内景色的诗——《赞芦笛洞》。著名作家郭沫若也曾写过一首关于人们在中华人民共和国成立前在芦笛岩洞里避难的诗歌——《满江红·咏芦笛岩》。在桂林当地人中，一直流传着一句话叫"桂林山水甲天下，芦笛美景堪最佳"，由此我们可以看出这芦笛岩洞的景致有多么美了！

那么，芦笛岩洞是怎么形成的呢？这就要讲到它那漫长而又久远的历史了。现在的桂林风景如画，但是早在3亿年前，那里是一片汪洋大海，没有现在的城市和交通，更别提居住的人了。随着岁月的流逝，一层层浑厚又纯粹的碳酸盐渐渐沉淀在了这片海底，为桂

林山水奇丽的地貌做好了准备。后来，随着地壳的不断运动，桂林由海里逐渐上升，露出水面，形成了一片陆地。再后来，地壳运动又使得这里的山体不停向上抬升，而地下水的水位也在不断下降，使得地下湖逐步变成了一个山洞。地下水流过山体中很多的破碎地带，慢慢溶解了岩石中的碳酸钙。紧接着，夹杂了很多碳酸钙的水流便顺着岩石的缝隙流到了山洞里，然后慢慢沉淀结晶，日积月累，最后就形成了美丽的芦笛岩洞。这么奇妙无比的形成过程，真的不能不让人感叹大自然的鬼斧神工啊！

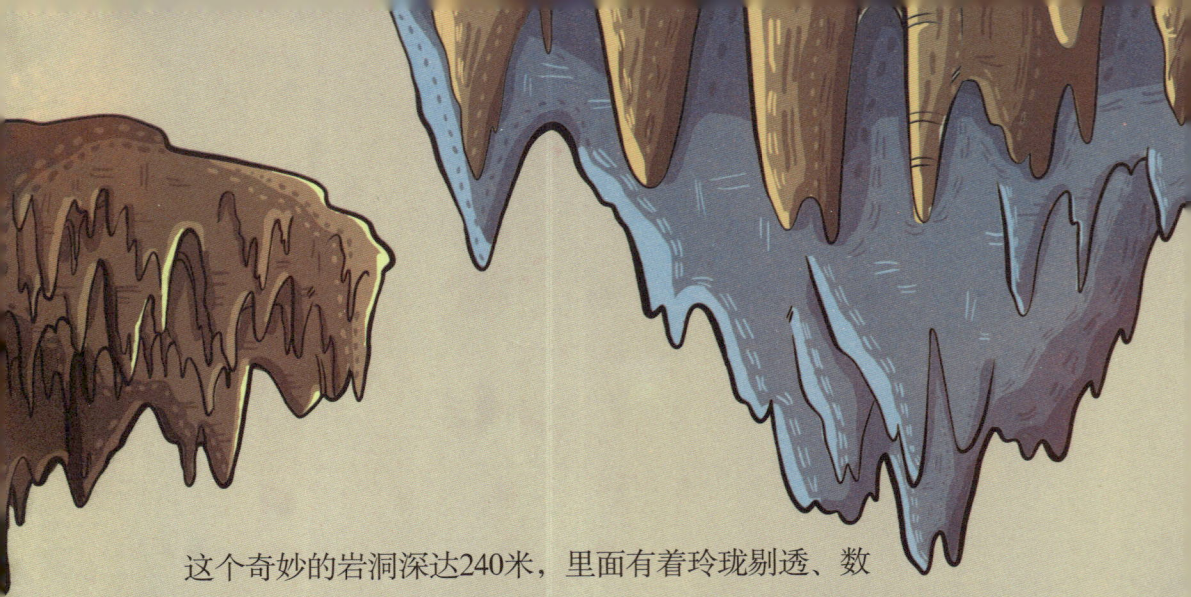

这个奇妙的岩洞深达240米，里面有着玲珑剔透、数不胜数的石笋、石乳、石柱、石花。真可谓多彩壮丽、绮丽多姿！

　　由于芦笛岩洞有很多大的裂缝，再加上流过的含钙丰富的地下水，于是钟乳石很快就堆积下来，沉淀和结晶。由于洞口十分狭窄，导致芦笛岩洞里的通风很差，因此风化作用也相对较慢。不过也正因如此，芦笛岩洞里才会有如此大规模又五颜六色的钟乳石呢！

　　大家还记得那个大闹东海龙宫的孙悟空吗？孙悟空为夺定海

神针而大闹水晶宫……相信这段故事在大家的脑海中一定非常清晰，那芦笛岩洞和这段故事有什么关系呢？告诉你吧，故事中的水晶宫其实就在芦笛岩洞内哟！那可是洞内最宽阔的一片地方。人走进去，还可以看到在它的左上方悬挂着一枚散发着微微光亮的大"宫灯"，让水晶宫显得越发神秘起来，更有置身故事中一般的体验呢。你可能要问了，这里怎么空荡荡的，那些五彩斑斓的钟乳石都到哪儿去了呢？其实，这都是因为洞内平缓，在水流溶蚀的作用下，才最终形成了这个十分平整的水晶宫。之所以没有了那么多的钟乳石，是因为这里的地块比较完整，没有很大的缝隙，使得那些地下水流不进来，于是就成了现在这般样子。

在芦笛岩洞，像水晶宫这般神秘又美丽的景观还有许多，比如高峡飞瀑、盘龙宝塔、帘外云山等。只要是来过这里的旅客，无不对芦笛洞大加称赞，认为它是当之无愧的"大自然的艺术之宫"。此外，这里还有更让人们觉得神奇的事哟！这个芦笛洞由于有着厚实的岩层和山体阻挡，使得洞内冬暖夏凉，怎么样，现在你是不是也很想一睹芦笛岩洞的风采呢？

"闽山第一洞"
福建玉华洞

接下来要给大家介绍的是号称"闽山第一洞""武夷一绝"的中国四大名洞之一的福建玉华洞。虽然有的人没有机会亲眼去看看它，不过也不要沮丧，现在就让我们共同在文字中领略这令人叹为观止的奇观吧！

要知道玉华洞可是福建省最长最大的石灰岩溶洞呢，是国家重点风景名胜区。

玉华洞位于福建省将乐县，形成于2.7亿年前，有着非常悠久的历史，属于典型的喀斯特地貌景观。经过三次地壳运动的抬升和亿万年流水的冲刷和溶蚀，海底沉积的石灰岩就逐渐变成了现在的玉华洞。不要以为玉华洞会一直保持这个样子，如今的玉华洞还处于发育生长期，还有多久才能结束生长真的还不得而知呢！

玉华洞总长有5千米，有藏禾、雷公、果子、黄泥、溪源、白云6个支洞，共169个景点。据说玉华洞之所以被称为玉华洞，就是因为洞中的石钟乳莹白如玉，流光溢彩。

玉华洞内的每一处景观都有着自己美丽且独特的名字，个个形象逼真、惟妙惟肖。在这众多的景观中，最引人入胜的当然要属鸡冠石啦。鸡冠石可是玉华洞的洞标，既然是洞标，当然是最具代表性、最有特色的了。它是一块呈倒三角形的巨石，形如鸡冠，底部还有石基，就像一块大宝石，犹如天工造物，红色的灯光照在上面，就好像真的有一只雄赳赳气昂昂的大公鸡站立在那里，逼真动人。

　　还有一处最让人"垂涎欲滴"的地方，就是"瓜果满天"。

难道这里有很多水果吗？其实，这里的"水果"都是由一块块饱满的钟乳石构成，钟乳石斜挂而下，有的像荔枝，有的像菠萝，还有的像葡萄等。五颜六色的灯光打在上面，就仿佛真的来到了一个瓜果满天的地方，美不胜收，真让人有一种想伸手去摘的冲动呢！

接下来我们再来看看名为"峨眉泻雪"的景观四周吧。这里是一片洁白的洞壁，却又沟壑分明，如同落满白雪的山崖，令人流连忘返，如痴如醉。

玉华洞内还有很多惟妙惟肖的景观，如"苍龙出海""童子拜观音""擎天巨柱""马良神笔""嫦娥奔月""瑶池玉女"等等，它们都如各自的名字一样逼真动人，让人赞叹不已，如痴如醉。置身其中，仿佛已与其融合在一起，让人流连忘返。这些逼真动人的景观让人感到美丽的同时，也确实让人感到了玉华洞的灵动和神韵。正所谓钟灵毓秀，绝尘清雅，玉华洞真的是让人大开眼界啊！

其实玉华洞已经有2000多年的游览历史了，汉初被人发现后，就不断有人进洞游览，曾经游历玉华洞的古代名人有杨时、陈本、杨四知、陈汝和、黄去疾、张引、南江、四望道人等等。如此雄伟壮观的景观虽然历经岁月的变迁，但依然是值得我们为之赞叹和惊艳的奇观！

玉华洞的美，是一种集天然、灵动和神韵于一体的美，有风有水，有奇云有异石，这一切都散发着风姿神韵，想必这就是玉华洞最大的魅力所在吧。玉华洞处处透露出大自然鬼斧神工的奇瑰迷幻，在中国溶洞景观的丛林中流光异彩。

　　大自然的神奇力量让玉华洞不断演化和发展，终于营造出如此神秘而奇妙的溶洞奇观，我们在惊叹的同时，也会倍加珍惜这珍贵的地质奇观。在这鬼斧神工的大自然"博物馆"里，每个游客都会流连忘返，每个人都会被这"闽山第一洞"所深深吸引！大家有时间的话，一定要去亲眼见识一下啊！

"岩溶博物馆"
贵州织金洞

　　2005年，《中国国家地理》杂志曾发起组织了一个名叫"选美中国"的节目。这个节目可以说是一次颠覆传统的评选，而且集合了全国媒体、专家、观众对中国美景的首次大搜寻！梦幻而又神秘的贵州织金洞在"中国最

美的六大旅游洞穴"排名第一！看到这个名次，大家是不是对这个织金洞充满了期待呢？那就让我们一起去了解一下吧。

织金洞坐落在贵州省织金县东北方向的官寨乡，距贵阳大概120千米。它不但规模宏大，还集各式各样奇特的造型于一身。经过地质专家的细致考察和全面比较，织金洞的规模、形态、景观都超过了世界著名的法国的溶洞和南斯拉夫的溶洞。这个溶洞还被地质学家们称为"岩溶博物馆"，为什么它会有这个殊荣呢？这是因为织金洞洞穴内部的岩石性质比较复杂，拥有超过40种岩溶堆积形态。世界上已经发现的溶洞里的主要形态种类，在这里都能看到。可以说，织金洞是一个有着多层次、多形态的完整的岩溶系统。

这个溶洞可以说是拥有最丰富洞穴资源的大

宝库。那么这里面又有哪些神秘的东西呢？告诉大家，在这个"岩溶博物馆"里，可以浏览和观赏的东西非常多。"地下塔林""铁山云雾""寂静群山""百尺垂帘""广寒宫""灵霄殿""银雨树""卷曲石""普贤骑象""婆媳情深"……由于奇异的场景实在太多，要是一一列举出来，可是要说上好长时间呢！它们就好像一幅幅美丽的自然画卷，让我们沉醉其中。现在就为大家介绍其中的几处，来领略一下大自然的瑰宝吧！

我们就从著名的落钱洞开始吧。落钱洞内的岩

溶堆积物十分形象生动，这
　　　　个像棵笔挺的松树，那个又像只
　　　　高大威猛的狮子，还有这个，像只玉
雕的蟾蜍，个个栩栩如生，妙不可言！那沿着洞口滴下来的水
珠，在阳光的照耀下，就像好多闪着光的小钱币，真是好看！
转身我们就会看到，旁边还有个侧厅，映入眼帘的居然是核弹
爆炸以后的蘑菇云，细细一看，原来这些蘑菇云是正中间高高
的钟乳石。而这里，就被称为"蘑菇云厅"。

继续往前走，我们就来到了面积有6000多平方米的雪香宫。远远望去，就像是面对着白茫茫的一片雪原。这里林立着各种奇形怪状的冰柱，身处祖国的大西南，居然还能看到这样一派北国风光，是不是觉得十分惊奇呢！这里最有趣的要数卷曲石洞了，洞厅的天花板上，向上弯曲生长着亮晶晶的卷曲石，玲珑雅致，它们的中间全都含着水滴，十分可爱！

　　织金洞里的空间和景观和谐地相互组合着，尤其是在灵霄殿中，这种和谐之美可以说达到了极致。灵霄殿里那倾泻直下的石帘，真是斑斓多彩、美不胜收啊！中间那棵亭亭玉立的"擎天柱"，在石帘的烘托下就显得更加秀美了！

织金洞里最神秘、最深邃的地方可是广寒宫哦，它有400多米长，就像一个巨大的展厅，石笋、石腹、石旗、石柱在这里展出，琳琅满目、千姿百态，组成了一个巨大的浮雕，往前延伸了200多米。还有那像极了古代武士头上的头盔的"霸王盔"，特别阳刚，看起来真是霸气十足！洞穴再往里是一堆有50多米高的石笋，那长满了石灵芝的"梭罗树"，还有那挺拔豪壮的"银雨树"，都美得那么精致，让我们不得不感叹自然的神奇。

这里还有太多太多壮观的美景……这里的景观真是太丰富了，好像怎么都看不完。看来要体味整个织金洞的美丽还真不是想象中的那样简单呢！

岩溶

我们所说的岩溶其实就是喀斯特，也就是水流过可溶性的岩石，发生了化学的溶蚀作用，再加上流水的冲蚀、潜蚀等作用，这种地质作用和它产生的现象的总称就是喀斯特。由这种喀斯特形成的地形，就被人们称为喀斯特地形。另外，我国可是世界上喀斯特地形分布面积最广大的国家哟！

"第一"溶洞
湖南黄龙洞

前面我们介绍了几个洞穴，相信大家也一定会为其美丽壮观的景色所吸引。现在我们再给大家介绍一个洞穴，这个洞穴更加有名，不但是溶洞界的第一

名，而且是国家5A级旅游区张家界武陵源风景区的王牌景点。这是哪个洞呢？它就是湖南张家界的黄龙洞。

多年以来，黄龙洞一直都让全世界各地的游客赞不绝口，这是为什么呢？它有什么独特之处呢？它和其他普通的溶洞究竟有什么区别呢？这你肯定就有所不知了，在我国众多的溶洞中，黄龙洞之所以能成为享誉全球的著名游览洞穴，是因为其洞穴结构的立体性、洞穴内部巨大的空间、华丽的龙宫厅、设计绝妙的游览线路等等，这些都使它独具特色。到目前为止，根据已经探明的数据，黄龙洞的洞底总面积竟然有10万平方米，洞穴全长也达到了7.5千米。

黄龙洞位于张家界的索溪峪以东方向，由于

洞口处弥漫着薄薄的烟雾，所以给人一种置身仙境的感觉，十分奇妙！黄龙洞也被称为"地下魔宫"，洞里有蜿蜒曲折的长廊，还有异彩纷呈的钟乳石和石笋，真是琳琅满目，让人目不暇接。

黄龙洞洞内陆路和水路兼备，一共可分为四层，从洞内最低处的阴河到最高处的洞顶，它们之间的垂直高度差居然达到了100多米。大致来说，黄龙洞由1个水库（黄龙水洞），2条阴河（响水河、水晶河），3个地下瀑布（黄龙瀑、天水瀑、天地瀑），4个水潭，13个厅（宫）（龙舞宫、水晶宫、迷人宫……）和96条游廊组成。哎呀，这么多，要全都说完肯定要用很长时间呢！有句话可以很形象地表现出这个场景，那就是：洞中乾坤大，地下有洞天。假如身临其境，你一定会觉得这句话好像就是为黄龙洞量身定制的一样。

首先我们来介绍黄龙洞的第一个大厅——聚会厅。人们进来后的第一个感觉就是：豁然开朗！聚会厅的面积非常大，大约有6000平方米。要告诉大家的是，它只是黄龙洞里最小的一个厅，怎么样，是不是特别惊讶呀？

在它对面那个石笋林立、闪烁着霓虹灯的地方叫做龙舞台。这个舞台是用来表演的吗？根据传说，它可是龙王跳舞的地方哦，据说龙王每年都会在这龙舞台上举行一场大型的舞会呢！与其相邻的峭壁上还有一个小房间，看上去相当华丽，究竟这是什么地方呢？走进去看一下，原来这就是东海三公主和心上人约会的地方啊，实在是有趣极了！

　　这里还有个"宝塔峰"，就是传说中龙王扶正压邪的时候用的东西。咦，这个又是什么呢？上面还有一个观音菩萨，在观音菩萨的下面还有一群拼命往上爬的石猴，真是好有趣啊！

这个叫作"群猴拜观音"，为什么会形成此景呢？这是因为从洞穴顶端滴落下来的水珠错了位，改变了方向。怎么样，有趣吧？

听，好像有一阵阵哗哗的流水声？哦，原来是从这身后的响水河传来的声音呀。赶紧坐船好好去游览一番吧！不过可别忘了，响水河内有国家一级重点保护动物——可爱的娃娃鱼呀。因为响水河的河水温度最适合娃娃鱼的生长了，所以这里就成了娃娃鱼的家。

接下来我们再来看看黄龙洞的最高层的"龙宫大厅"吧！这里果然与其他地方不

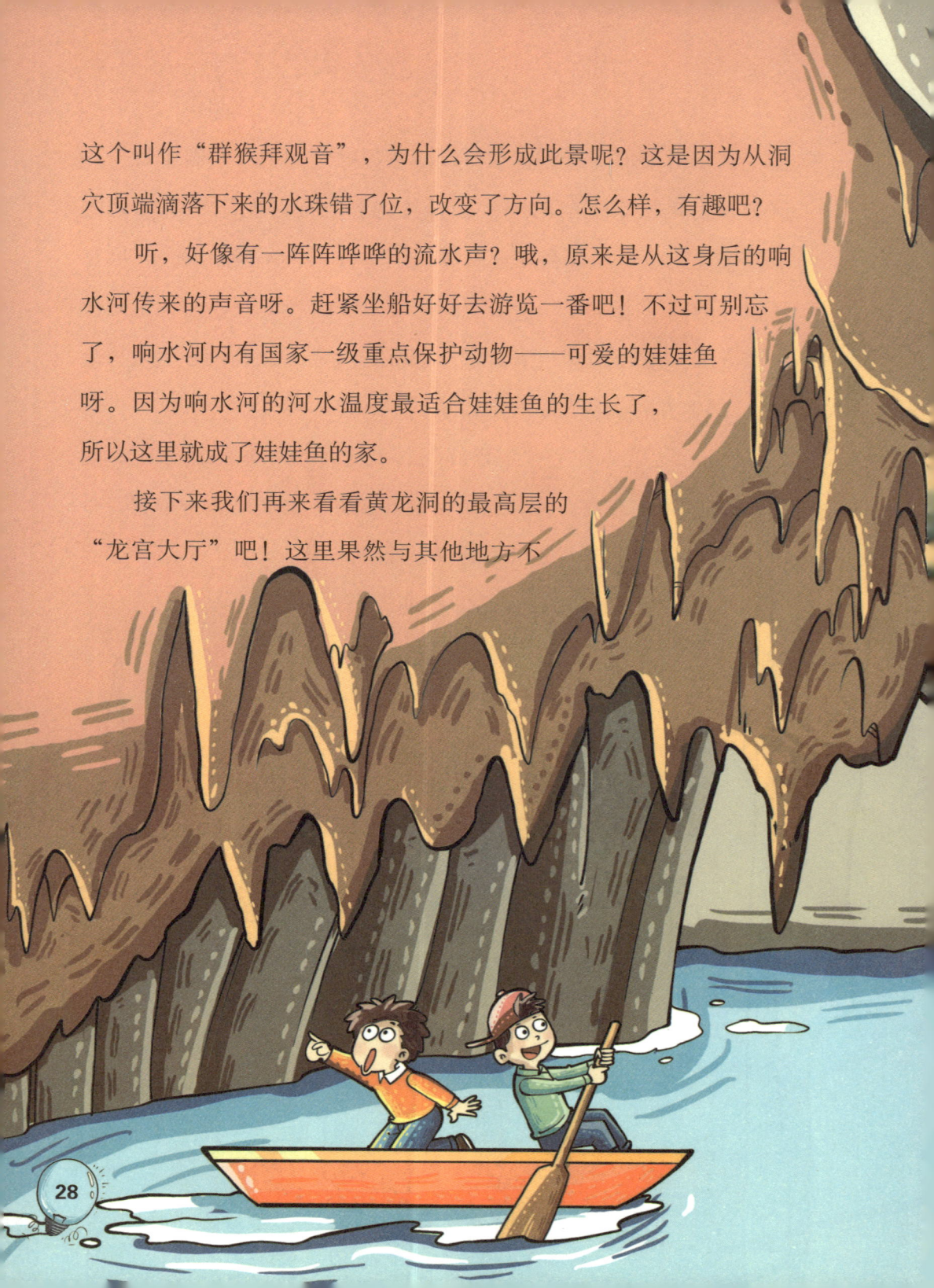

一样，给人一种气势磅礴、粗犷的感觉。这里有让人百看不厌、千姿百态的石笋，有的像要跟我们招手问好的可爱的小人儿，有的像大自然里的欢快的小动物，有的像扑腾着翅膀的小鸟，还有的像正要寻找食物的大狗熊，甚至还有的像在皑皑白雪之中不畏严寒的松柏树、冒着火光准备急速升空的大火箭，这可像极了珍藏在皇宫里昂贵的宝物……

那颗高大但纤细的石笋是最奇特的，说它奇特是因为它有19米多高，两端很粗，但中间却很细，最细的地方只有10厘米，看上去好像很眼熟呢……哈哈，这和孙悟空"借"走的那个东海龙宫的镇海之宝——定海神针太像了，简直是一个模子刻出来的！告诉你吧，这颗石笋可是黄龙洞里最高的石笋，是黄龙洞标志性的景点哦，这石笋长得如此"顶天立地"，据洞穴学家的推算，它至少要生长20万年才能长成现在这样呢！由于这石笋实在是太值钱、太珍贵了，以至于黄龙洞景区还特地为它购买了高额的保险呢！

看完了最高处的美景，自然也要看看最低处的景色，现在就走进黄龙洞最底层的"迷宫"吧！这里呈现出一幅冰清玉洁的景象，满眼都是钟乳石、石笋、石柱、石幔、卷曲石、石珍珠、石珊瑚等等。这里的景观都比较集中，密密麻麻、琳琅满目，真让人心生喜欢！不过大家要注意的是，

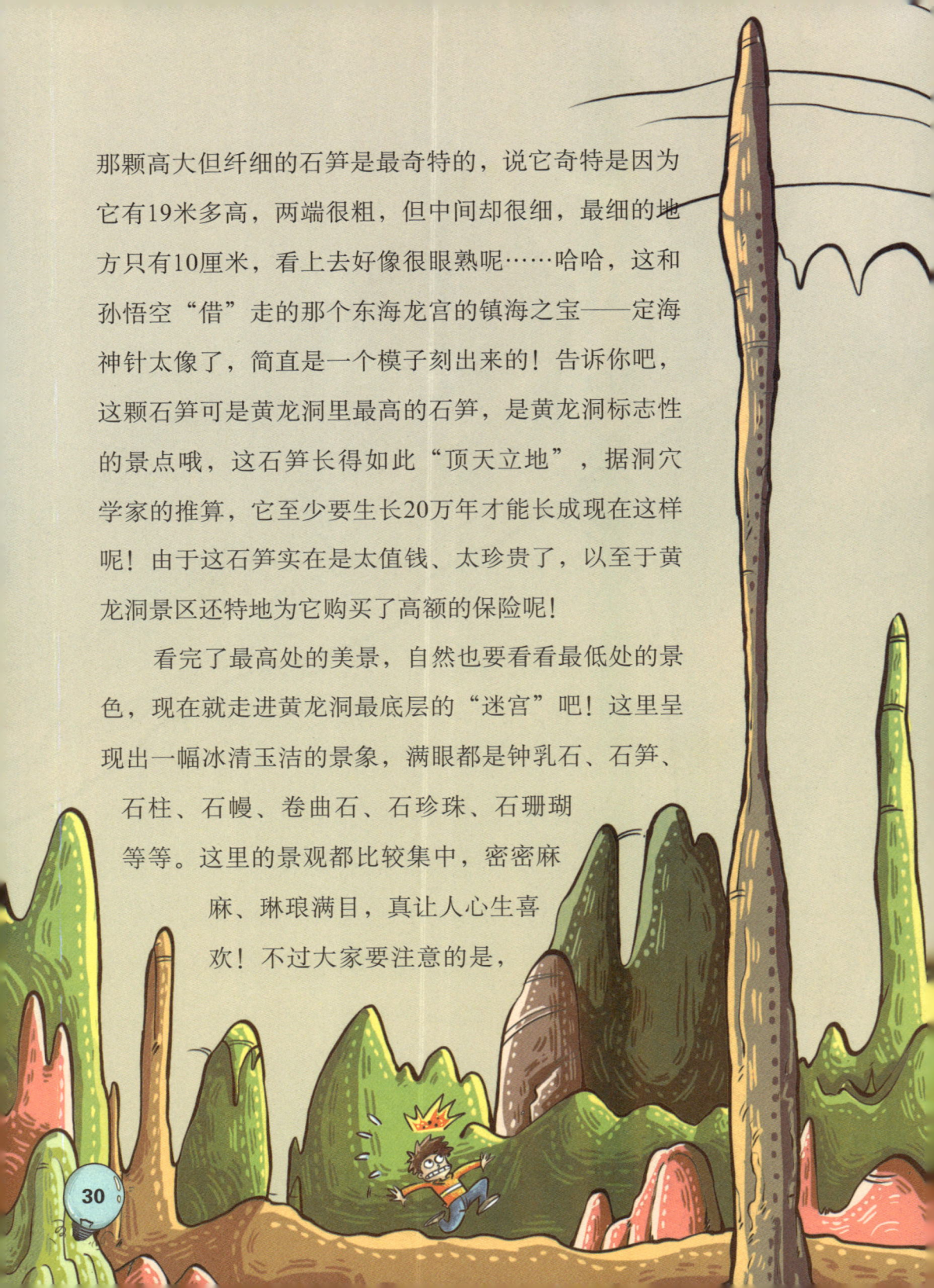

由于迷宫的空间比较小能容纳的游客有限，厅内钟乳石又比较密集，所以很多游客在看得入神激动的时候都忘了低头，让黄龙洞在自己头上留了个大"纪念"。

　　曾经到此一游的世界自然遗产委员会高级顾问桑塞尔被黄龙洞美轮美奂的景象深深地吸引，忍不住夸赞："这是我所见到的溶洞石笋最集中，神态最逼真的地方……黄龙洞不愧为世界溶洞奇观，实在太奇太妙了！"相信在观赏完黄龙洞后，它的瑰丽多姿肯定会给我们留下深刻的印象。

黄龙洞是张家界武陵源风景名胜中的著名景点，享有"世界溶洞奇观""世界溶洞全能冠军"等声誉，可谓是洞中有洞、洞中有山、山中有洞、洞中有河。黄龙洞里面的景色优美，景观丰富，十分适宜游玩。

湖南梅山龙宫的"青龙戏水"

　　大家是不是曾经被《西游记》里面的龙宫的壮观而深深吸引住呢？接下来我们要领略的，就是现实世界中一个更为壮观的"龙宫"，没错，它就是位于湖南新化县境内、号称"天下第一洞"的梅山龙宫，它早已成为国家重点风景名胜区啦。不过，虽然我们将其

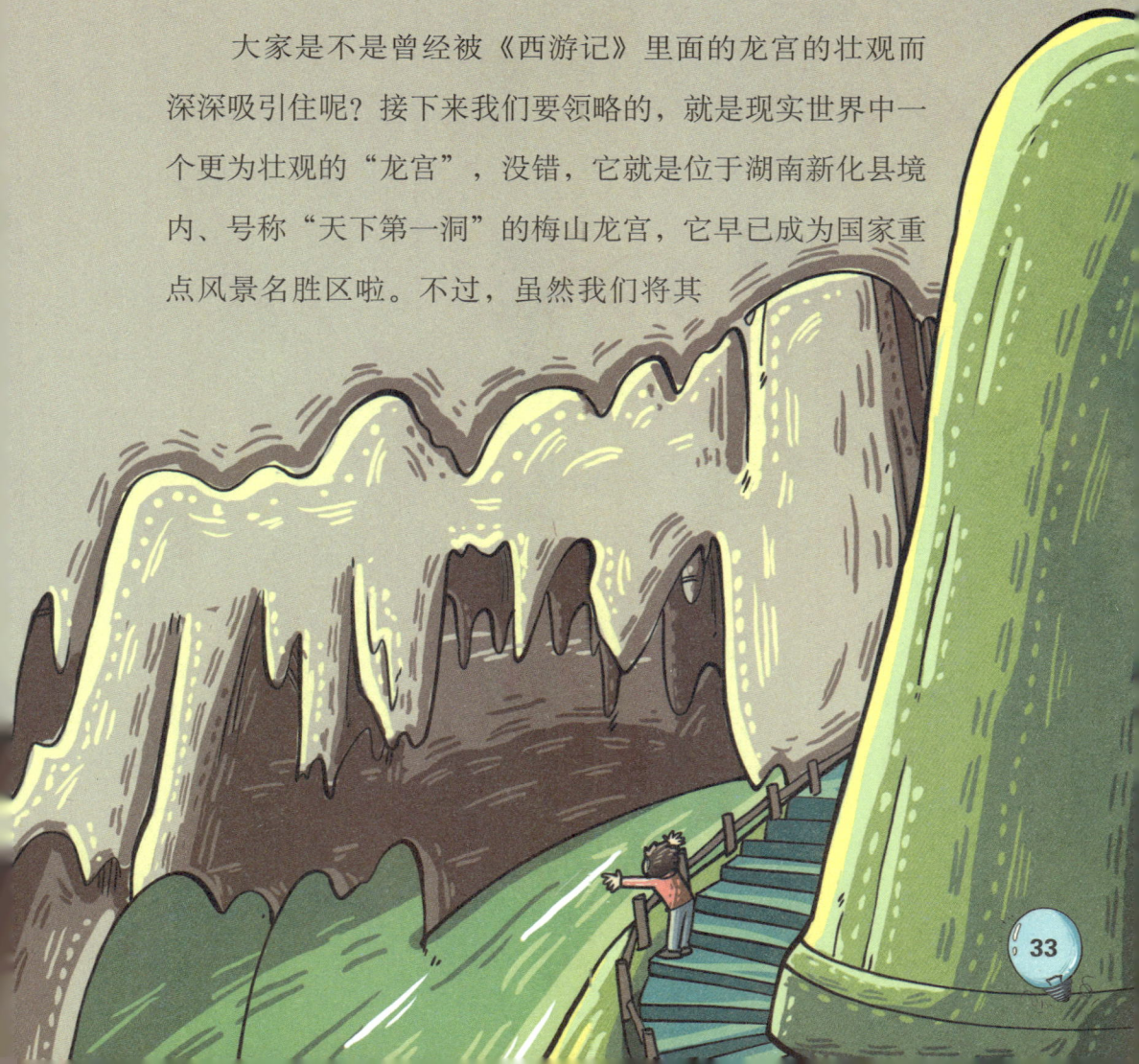

称为"龙宫"，其实里面并没有真的龙哦。至于为何被命名为"龙宫"，还要从一个传说讲起。

相传，黄帝登上熊山，将灵气葱茏的九龙峰点化成九条青龙。这九条青龙沿着九股清泉游入可通五湖四海的九龙池。它们游入资江后，就被梅山油溪石竹湾的灵气深深吸引了，高兴地在水中游、云中飞、洞中舞，久久不愿离去，一住就是几千年。新化古称梅山，后人便把这个岩洞称作梅山龙宫。

　　梅山龙宫是一个地下溶洞群，是由九层洞穴上万个溶洞组成的。洞府现已探明的长度有2800多米，已开发的面积有58600平方米，目前可游览的路线长将近2000米，其中包括长466米世界罕见的神秘地下河。当然，这里还有尚未探明的地方呢，很难猜测出这里究竟还有哪些美景是我们没有看到的。

洞内景观真的丰富多彩，既有大量姿态各异的流石景观，又有美不胜收、玲珑剔透的石笋、石钟乳景观，还有千变万化的断面形态。其中更有四大世界溶洞景观之绝：高达80米的层楼空间结构的洞府云天绝世景观、惟妙惟肖的哪吒出世绝世景观、由毛细管力作用而成的形似雾凇的白色非重力水沉积物绝世景观，以及妙不可言、举世无双的水中金山绝世景观。整个梅山龙宫都似乎与曾经的传说所吻合，好像真的存在着九条青龙，这九条青龙在此戏水玩耍，好不快活！因此我们说这里是"青龙戏水"，真是美妙极了！

我们先来看看洞府云天绝世景观吧。它是一种高达80米的层楼空间结构，规模宏大，上下相映，各种石钟乳在五颜六色的灯光照耀下，显得层次十分清晰，真的令人叹为观止。

那惟妙惟肖的哪吒出世绝世景观又是怎样一番景象呢？它是由一个巨大的天然钟乳石莲、一叶剥落的花瓣，以及带有红色血团的哪吒身形钟乳石组成的。在灯光的映衬下，天然的钟乳石莲让人感到可分可合，真的十分逼真！相信这也是世界上绝无仅有的！

还有就是这形似雾凇的白色非重力水沉积物绝世景观了，之所以说是非重力水沉积物，就是这种沉积物不是由我们的地心作用形成的，而是由毛细管力作用形成的。它晶莹剔透、洁白无瑕，在世界上真的是独一无二，非常具有科研价值，所以这也是重点保护对象。

最后一个就是水中金山绝世景观了。这里真的是梅山龙宫里最美丽最动人的景观哦！它不仅规模气势磅礴，而且集美、奇、秀、韵于一体，将雄性美和雌性美巧妙地结合在一起，妙不可言，意味无穷。这里有姿态各异的钟乳石和美妙绝伦的鹅管，还有一个巧妙天成的瑶池，池的一侧是一座自然形成的拦水坝。拦水坝曲线优美，纹理清晰，令人惊叹。更绝的是，鹅管和钟乳石倒映在水中，上下映照、浑然一体、形成了一座五光十色的巨大金山，光芒四射、龙鳞点点。所以我们说这是水中金山绝世景观了！它的离奇多变，它的千姿百态，真的让人感到了好像是身处人间仙境！它的神韵真的不是语言可以描绘出来的！

这个梅山龙宫是自然和文化的结合体！除了前面介绍的这几处景观外，这里还有更加壮观的孔子游学、碧水莲宫、天宫雾凇、宝中宝、峡谷云天景观、玉皇天宫景观以及远古河床景观，可谓每一个景观都巧夺天工、气势恢宏，令人叹为观止。难道这就是传说中的"船在水中行，人在画中游"的绝妙感觉？

我们不得不用神奇、神韵、神往来形容这个梅山龙宫！这里真的是天下奇洞，说它是湖南第一、国内一流、世界罕见都不为过！这里的壮观景观真的堪比传说中的"龙宫"，青龙戏水，真的让人大饱眼福呀！有机会来到这里亲眼见识一下，绝对不会让你失望！

"冰雪世界"
重庆雪玉洞

中央电视台有个节目叫《正大综艺·吉尼斯中国之夜》。节目的内容千奇百怪、独具匠心。如果你看过一定会印象深刻。吉

吉尼斯

尼斯的影响力在全球是非常大的。我们都知道，吉尼斯的申报项目总是不比寻常，要入选是很难的一件事。但是如果告诉你，我们的溶洞美景也可以申报吉尼斯，你是不是会觉得非常自豪呢？没错，我们的重庆雪玉洞已经正式向着吉尼斯世界纪录"冲刺"了！那么，拥有3个世界罕见、4个世界之最的称号的洞穴，究竟散发着怎样的魅力呢？

雪玉洞位于重庆市龙河旅游景区，距离丰都县城仅有12千米。雪玉洞全长1644米，上下各有3层，总共有6个游览区。

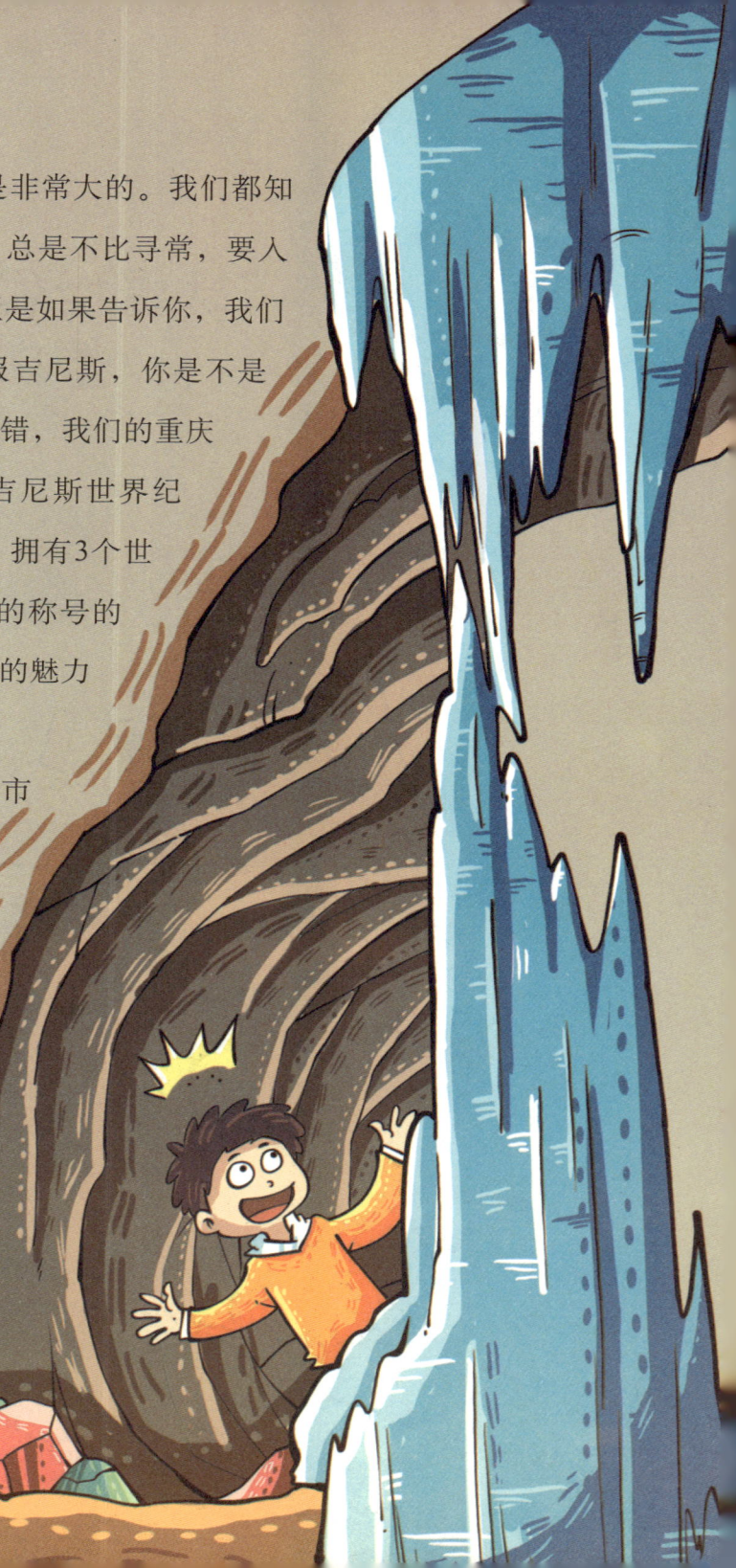

雪玉洞里80%的钟乳石都洁白如雪，质纯似玉，真是一个冰雪世界呀！到目前为止，雪玉洞还是我国已经开发的洞穴里最年轻的一个，而且也是长江旅游线上一道靓丽的风景线。壮丽的溶洞群、清澈的溪流、一泻的洞穴瀑布……这些不过是景观的一部分，这里还栖息着许多种珍稀动物，比如猕猴、野猪、红腹锦鸡等等。说不定你在前面走着的时候，一只可爱的小猕猴正跟在你的后面，你一转身便能看见它，这个时候不要忘记和它打招呼哦！

看，那里有一只可爱的"企

鹅"，有4米多
高呢。走近一看
才知道，原来是一片由
碳酸盐岩构成的大石
盾，它还有个很好听的名字
叫"雪玉企鹅"。千万别小看它，它可不是
一般的碳酸钙沉积物。这种石盾在全世界

都很罕见，迄今为止它可是所有洞穴中碳酸钙沉积物的"王"呢！水从它的中间反方向射出来，往边缘处慢慢渗出，但因为水量少，比较微弱，水就从四周慢慢流淌下来，经过了数万年，最后逐渐沉积，终于形成了这个雪玉企鹅。由于石盾向着和地面垂直的方向生长，盾坠很难下垂，这就成了区分石盾与壁盾最好的一点。即便这里只是个小小的洞厅，雪玉企鹅也一直坚持不懈地生长着。你们看，它的头已经触到洞顶了，小小的洞厅已经容不下它那庞

大的身躯了。它的腰开始微微
倾斜了，甚至出现了细微的裂缝。一定要
挺住啊，亲爱的"小企鹅"！

　　嘿，快来看这"沙场秋点
兵"，充满了磅礴的气势，呵
呵，其实它是个珊瑚群。你可别以为它徒有虚名，它
可是世界上规模最大、数量又最多的塔珊瑚花群！然
而，让大家想不到的是，这些成千上万的塔珊瑚花
群竟然是那塔形的方解石结晶！方解石在这洞穴里
可是一种很罕见的沉积物。它必须要在有环境物
质基础、有微弱的水流和高饱和度的水质下才能

形成，看来这个塔珊瑚花群的形成还真是不容易。再走一段路，你就可以看到一面巨大无比的旗帜，这可是远近闻名的"石旗之王"呢！你瞧它纤细如丝，精致透明，总让人看到它后便忍不住停下来痴痴地凝望。

再来瞧瞧这个被倒挂在空中、层层堆叠着、晶莹剔透的鹅毛管状的神奇"鹅管林"！听说它可是这世界上密度最高的鹅管呢！原来，这是因为重力作用，水从洞顶往下滴而形成的。

看这边这组石笋，不细看的话，还以为是一个真人的手掌呢！加上上面有落下的一根鹅管在它的"手指"之间，就好比一个音乐家，正激情澎湃地指挥着一场盛大的音乐演奏会。

雪玉洞不仅有较高的观赏价值，还因为这洞中含有丰富的二氧化碳和很多有益于身体健康的负离子，所以在医学疗养上也享有很高的赞誉呢！

方解石

所谓的方解石，也就是我们平时常见的天然碳酸钙，其色彩会因自身所含有的物质不同而发生变化。比如当它里面含有铁锰元素时，在其表面就会呈现出浅黄色、浅红色或者褐黑色的颜色。方解石并不全是带有颜色的，也有无色的。无色的方解石也叫冰洲石，透过它观看的事物往往呈双重影像。

辉煌的
重庆芙蓉洞

如果让我们用积木搭一座宫殿，大家肯定会觉得非常容易，但是如果在地下建一座宫殿，那肯定是非常困难了！但是大自然的力量是巨大的，在我国的重庆市，就有这么一座地下宫殿，也就是即将要介绍的重庆芙蓉洞。也许你会觉得它的名字平淡无奇，不过要是亲眼看到了洞中的景色，就会感觉它真是大自然送给我们的礼物呢！

重庆武隆县是一个山清水秀的地方，位于此处的芙蓉洞不但是国家5A级景区，而且是世界唯一被列为"世界自然遗产保护地"的洞穴。芙蓉洞位于芙蓉江旁，是一个非常大的石灰岩洞穴，总长度2400米左右，洞体非常高大。芙蓉洞形成于第四纪更新世（大约100多万年前），发育在古老的寒武系白云质灰岩中。洞内深处稳定气温为16.1℃。洞内的"生命之源""珊瑚瑶池""巨幕飞瀑""石花之王""犬牙晶花池"并称为芙蓉洞

"五绝"，更被世界洞穴专家誉为"斑斓辉煌的地下艺术宫殿"。

芙蓉洞分为三个大景区，第一个景区非常高调，色彩斑斓，而另外两个景区相对要低调一些。在芙蓉洞里，景观比比皆是，几乎每走一步，都会让人对大自然的巧夺天工心生感叹，可以算得上是一步一景。

提到芙蓉洞，不得不提的就是一个宽15.76米、高21.04米的巨型石瀑布，还有犬牙晶花石五绝，也是世所罕见的。除了这些，洞内还有各种沉积物形成的景观，玲珑剔透，蔚为壮观。珊瑚瑶池是由水池中色泽浅黄的方解石石晶花和浮筏石笋构成的，池水面积大概有30平方米，水深

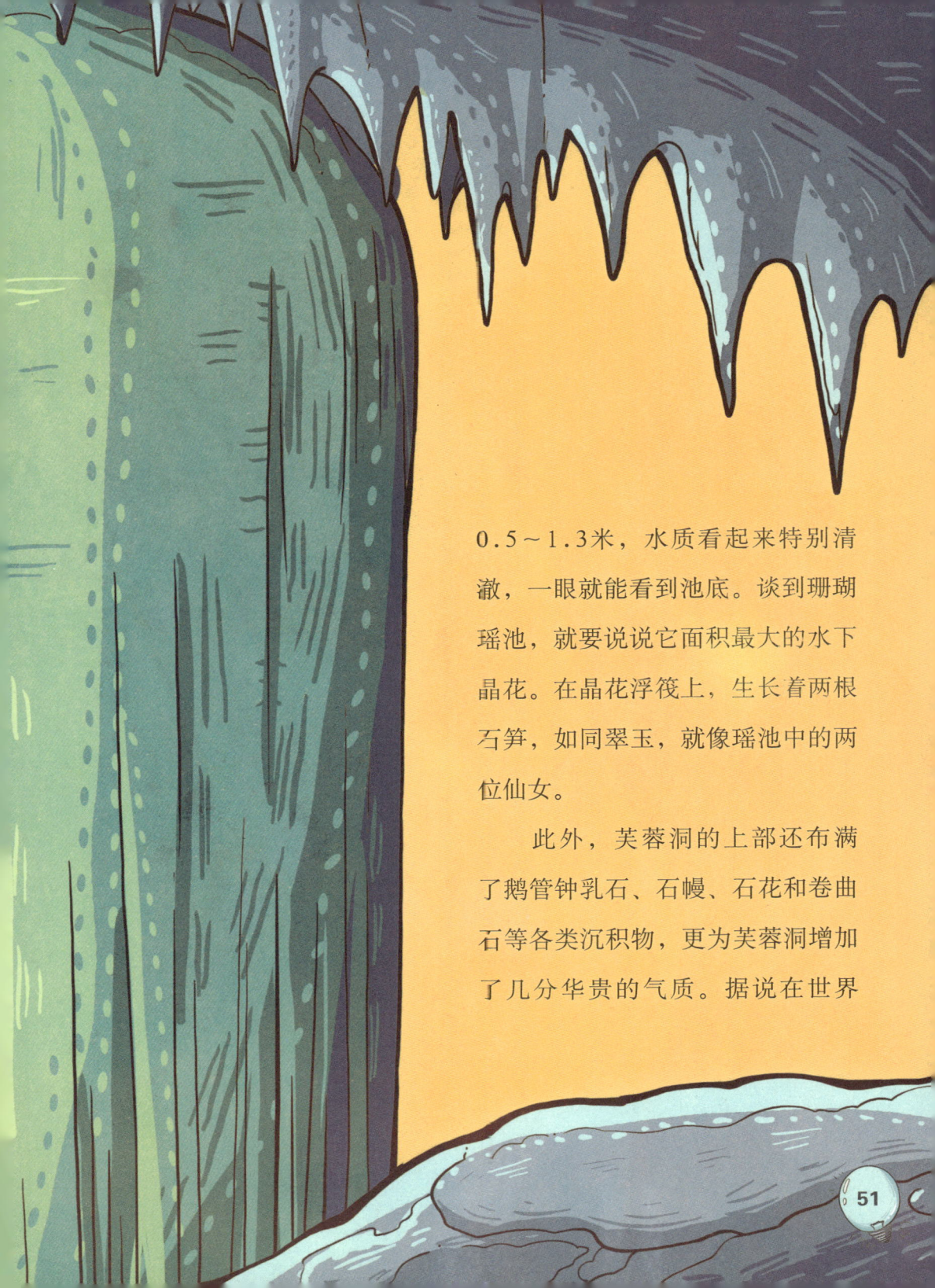

0.5～1.3米，水质看起来特别清澈，一眼就能看到池底。谈到珊瑚瑶池，就要说说它面积最大的水下晶花。在晶花浮筏上，生长着两根石笋，如同翠玉，就像瑶池中的两位仙女。

此外，芙蓉洞的上部还布满了鹅管钟乳石、石幔、石花和卷曲石等各类沉积物，更为芙蓉洞增加了几分华贵的气质。据说在世界

上只有法国的克拉姆斯洞穴才有这种情景，不过它的水深和面积都逊色于芙蓉洞，真称得上是"此景只应天上有，人间能有几回见"。芙蓉洞里面有很多的次生化学沉积形态，在我国目前发现的洞穴中实属罕见，极具科研价值。游览芙蓉洞不但可以放松身心，还可以增长很多知识，实在是一举两得。如果有机会，你可一定要亲自去看看呀！

如仙境一般的
浙江瑶琳洞

大家知道被誉为"全国诸洞之冠"的洞穴是哪一个吗？对啦，那就是位于浙江省桐庐县境内的瑶

琳洞。它还有一个特别别致的名字哦，那就是"瑶琳仙境"。顾名思义，这个瑶琳洞肯定是犹如仙境一般呢，它有着"中国旅游胜地四十佳""浙江省十大旅游胜地"的美誉，在2002年还跻身国家4A级风景旅游景区的行列。那么到底这个"仙境"有多美，我们一起看看就知道啦！

　　瑶琳洞形成于距今约10万年前，是一个巨大的石灰岩溶洞，面积达2.8万平方米。全洞深藏地下，姿态万千，有着曲折幽深的洞势地貌和瑰丽多姿的溶石景致，真不愧"全国溶洞之冠"呢，气势十分恢宏。

瑶琳洞全洞有七个厅，最大的洞厅面积多达9000平方米。前四厅为琳琅满目的石笋、石瀑、石幔、石帷幕等，这是大自然的杰作；后三厅则运用现代布景、灯光、音响等效果及科技手段，通过21个场景、300多个人物，具体再现了神州传说中的18个动人故事。让人在感受美的同时，也得到智的熏陶。另外，科学家还在洞内发现了中国犀牙齿化石、西周时期木炭余烬、东汉印纹陶片、隋唐时木炭题字、五代北宋古钱等。所以说，瑶琳洞兼具美

学价值和科研价值，不愧是壮丽的地下乐园！除此之外，洞内常年温度在17~18℃，进去后，觉得特别舒服。

　　瑶琳洞有"四大标志"，每一个标志都有自己的特色，可谓瑶琳洞价值连城的瑰宝。这第一个标志便是7米高、13米宽的"银河飞瀑"，不管是作为景观，还是看它的地质构造，都是非常有价值的。这个溶岩石瀑就像雪的融化，虽然听不到声音，却曼妙无比，这在世界上也是绝无仅有的。7米高的"瀛洲华表"，是经过几十万年的时间才形成的，是不是觉得非常难得呢？这个"瀛洲华表"有点像我们天安门前的华表，上面好像有九龙盘绕，这也是瑶琳洞的第二大标志。其第三大标志就是"擎天玉柱"，有14米那么高，说它"擎天"真是一点都不夸张，看起来，真的像是一个通天柱！瑶琳洞的第四大标志就是"瑶琳玉峰"，远远地看起来，它就好像一位穿着白绸、手里捧着鲜花的女神，亭亭玉立，真是让人感叹不已。

不要以为瑶琳仙境的美景就只有这四大标志，要知道，这里的景点多达上百处，几乎每一个都会让人心生向往。走进洞内，首先所到的是前厅。前厅不

大，但秀丽温婉，就好像进入了江南水乡。

之后经过"狮象迎宾"，我们就进入了"仙女聚会"的第一洞厅，呈现在我们眼前的是五彩缤纷的钟乳石，让人不敢相信这是在现实世界中存在的，真是太曼妙了！在第二洞厅里，有清泉缓缓地流过幽深的峡谷，水边有一根宛若白胡子老翁悠然垂钓的石笋。前面我们介绍的"擎天玉柱"就在这第二洞厅尾部的悬崖上。接下来我们就看到了生龙活虎的"群狮厅"，这里有大小50多处状若雄狮的石笋，或蹲，或跃，或相互戏耍，姿态各异。

第三洞厅则空旷无比，西南角是层层叠叠的石笋，有人把它比作唐代敦煌的大壁画，像彩霞东升，瑞气氤氲，又像仙鹤舞步，孔雀开屏，还像花团锦簇，神女曳裙……总之这个神奇的世界难以用语言描绘啦，全凭你自己的观察和想象了。

瑶琳仙境自开放以来，就以其"幽、深、奇、秀"的瑰丽景观和优美的生态环境而著称，因而赢得了广大游客的惊叹，在全国溶洞中独树一帜。尤其是后来加入了奇幻的灯光，集种种自然景观于一洞，让人在瑶琳洞间如痴如醉，流连忘返。瑶琳仙境，真是奇诡无比的洞天世界啊！它的神奇为人们的想象提供了广阔的天地。这里将注定给人一段神奇的游览经历！

绝美的
湖北腾龙洞

在游览了贵州的梦幻织金洞、湖南的全能黄龙洞、浙江瑶琳洞之后，再让我们去领略一下同样为"中国最美的六大旅游洞穴"之一的腾龙洞吧，我敢保证，你一定会被它的魅力所吸引的！

一说到腾龙洞，就会让人情不自禁地想起它那宏大的气势。腾龙洞坐落于湖北省利川市郊区，整个洞穴面积有2000多万平方米，洞口处也非常大，腾龙洞洞内总共有5层、150个洞厅，还有300多个支洞。其旱洞有近60千米长，洞口直径达74米，是中国目前最大的溶洞。除此之外，它还是世界特级洞穴之一，更是亚洲第一大旱洞哦！这里洞中有山，山中有洞，水洞旱洞相连，主洞支洞互通，景色可以用两个字来形容：绝美！看了这些介绍，你们是不是已经按捺不住自己那激动的心情了呢？那我们就出发吧。

踏着一层层石板向主洞进发的途中，我们能看到一片茂盛的树林。那里有各种珍奇的植物，就连植物中的"活化石"水杉这样的珍稀植物在这里也能看到！这里的空气非常清新，看来这里还真的是传说中的无毒气、无蛇蝎、无污染！大口呼吸一下，空气中仿佛还有点甜甜的味道，怪不得腾龙洞能被大家公认为休闲之胜地呢！

走进洞内，我们看到的第一个景点是"佛倒池"。这个佛倒池设计精巧，光、水、影，还有洞口都奇迹般地融合在了一起，简直是一幅极富诗意的山水画！看那边，简直是深渊万丈啊！要是走到这深渊边上往下一探头，保准你会大喊救命，心跳不已。在1985年的时候，曾经有一支探险队到腾龙洞来探险，

其中有一个队员就因为看到脚下的深渊而吓得魂飞魄散。其实，只要再仔细看看就会发现，那不过是水潭里的倒影，大自然还真是"害人不浅"呢！

继续往前走，咦，这边的石壁上为什么画了这么多人、这么多不同的场景？大家究竟在忙活什么呢？原来这就是少数民族土家族的"女儿会"。土家族的传统习俗是在每年农历的五月初五、七月十二和八月十五举行一次"女儿会"，叫族里美丽的姑娘们和俊朗的小伙子们，用对歌的形式来互相表达情愫。哎呀，少数民族的这个风俗还真是独特浪漫呢！

再往前走，就是腾龙洞里最小巧玲珑的山——龙鳞山了，传说腾龙洞中有个伟大的守护神，就是神话传说中的地龙。它每年都会按时来到龙鳞山蜕皮换鳞，年复一年，它换下的龙鳞就堆积成了这座小山。这个天井的形状很是奇异，像螺旋向上的楼梯一样。传说中，这个奇怪的天井可是地龙要出山出洞去行云布雨的时候用的。

因为每到夏天，烟雾都会从中盘旋着往上逸出，所以它有个美丽的名字叫"升烟井"。

走过一个三岔口，前方左手边是神女洞，也就是盐阳女神的住处哦！右边是圆堂关，在土家族人的语言中的意思是"尽头、终点"，世界的尽头就是天堂，多美的寓意啊！这里还有一块奇怪的石头，仔细一看，还真像古代的猿人！看到这些，人们就容易联想起《西游记》中从石头里蹦出来的孙悟空！

走出洞后，从右边顺着石梯上去，就能听到水洞口的巨大的瀑布声，这就是卧龙吞江瀑布，气势宏伟、磅礴，让人震撼，怪不得会起一个这么霸气的名字，实在是实至名归啊！

观赏腾龙洞真是令人神清气爽啊，就像我们置身于空旷神秘的地底世界，仿佛在这小憩一会儿，就能忘掉所有烦恼。假如你去湖北，一定不能错过这个腾龙洞哦！

对歌

你知道什么是对歌吗？其实对歌也叫作斗歌，可称得上是民间文化的一朵奇葩了。在对歌时，是由一人在台上演唱，叫"坐台"，台下的听众根据坐台所唱的内容可以上台陪唱、对唱。其中坐台要根据陪台的问题作答。回答的内容不但要符合实际，而且字句还要押韵，否则就输了。这种唱法要求很高，答题的人不但要有随机应变的能力，而且还要有丰富的知识常识，回答还要富有趣味性。

流光溢彩的
陕西柞水洞

　　大家知道有着"北国奇观"和"西北一绝"美誉的洞穴是哪里吗？对啦，就是位于陕西西安柞水县的柞水洞。它是首批公布的陕西省十大风景区之一，1999年被评为全国名洞，是我国北方最大的溶洞群落。柞水洞是一处难得的以溶洞和自然景色为主的旅游区。看到这些介

绍，大家是不是迫不及待地想走进这个具有独特魅力的溶洞呢？现在就让我们先通过文字来领略一下它的神奇奥妙和流光溢彩吧！

柞水洞目前已发现的溶洞有115个，在已探明的17个溶洞中，有9个可以供人观赏和开发利用。在这里，真的是布满了大大小小100多个溶洞，古时还有"无山不洞，无洞不奇"之说，因此又有"溶洞群"之美称。

溶洞风景区主要包括佛爷洞、风洞、百神洞、天洞、云雾洞等百余个溶洞。这里自然环境灵秀典雅，

景点多而集中，是可与浙江瑶琳仙境相媲美的喀斯特溶洞群。柞水溶洞静静地隐于秦岭深处，乾河畔，好像等待着游人们来一探究竟。

目前已开发出了三洞一台，即以佛爷洞、天洞、风洞和对峰台为主景的风景游览区。下面就让我们一一领略它们的独特魅力吧！

"碧峰伴古洞，奇姿天工成。"这是佛爷洞口雕刻的一副楹联。这副楹联真是惟妙惟肖地形容了这个洞内天成的奇观。佛爷洞位于山腰，由上、中、下三层和一个牛角状支洞组成。洞内装有彩灯，在五颜六色的灯光下，各种石乳、石笋、石柱、石瀑布越发显得绚丽多姿。走到这里，会让人有一种进入仙境的错觉。它共有7个大厅堂、23个小厅堂。最值得一看的景点有迎宾厅、叠翠廊、卧龙岗、白女洞、宝莲柱、二佛观海、猴王点兵、菊花厅、蘑菇塔、栖鹰崖、笔架山、乌龟闯海、圣母揽天官、水帘池、水帘洞、水帘宫、雄狮镇奇峰、将军夜巡、湘子苦学等，每一个都惟妙惟肖，这个还没看完，又来了一个，简直让人目不暇接。

天洞与佛爷洞毗邻，是一种隧道式洞

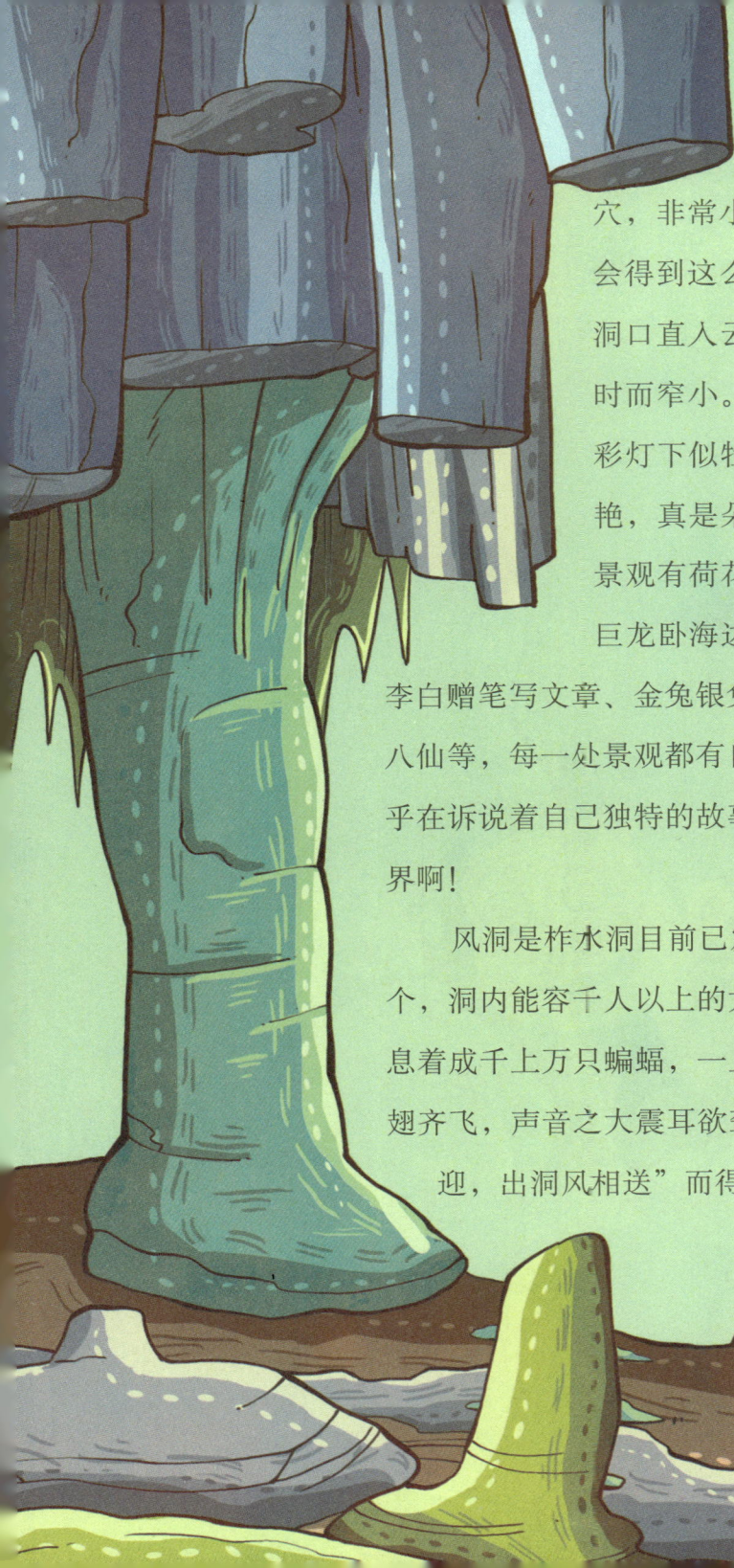

穴，非常小巧玲珑。天洞之所以会得到这么个名字，是因为它的洞口直入云霄。洞内时而开阔，时而窄小。特别是洞壁的石花，彩灯下似牡丹吐芳，还如彩菊争艳，真是朵朵多姿。洞内的主要景观有荷花池清泉映花艳、龙宫巨龙卧海边、海狮腾飞报吉祥、李白赠笔写文章、金兔银兔洞内跑、玉皇大殿有八仙等，每一处景观都有自己别致的名字，都似乎在诉说着自己独特的故事，真的是让人大开眼界啊！

风洞是柞水洞目前已发现的溶洞中最大的一个，洞内能容千人以上的大厅有数十个。里面栖息着成千上万只蝙蝠，一旦受到惊吓，它们便展翅齐飞，声音之大震耳欲聋。风洞以"进洞风相迎，出洞风相送"而得名，全长约4千米。洞内的景色雄壮粗犷，奇兽百禽形象逼真，山泉穿洞长流不息。石柱、石笋、石帷雪白如冰，晶莹如玉，真是太令人惊叹了！

柞水溶洞与佛爷洞、风洞、天洞隔乾河相对，为3个突兀的尖峰，形成笔架状，叫笔架山。中间一峰叫"对峰台"，它四壁悬绝，巍峨壮丽。既像杭州的"飞来峰"，又似桂林的"独秀峰"，故有"西北奇峰"之称。

柞水溶洞区内除了这几处主要的景观，还有玉霞洞、百神洞等，洞内还有各种形态的钟乳石、石笋、石瀑布、石蘑菇、石幔，可谓琳琅满目，美不胜收；各种石禽、石兽、石猴、石佛，形态各异，酷肖逼真；晶莹透亮的石花、

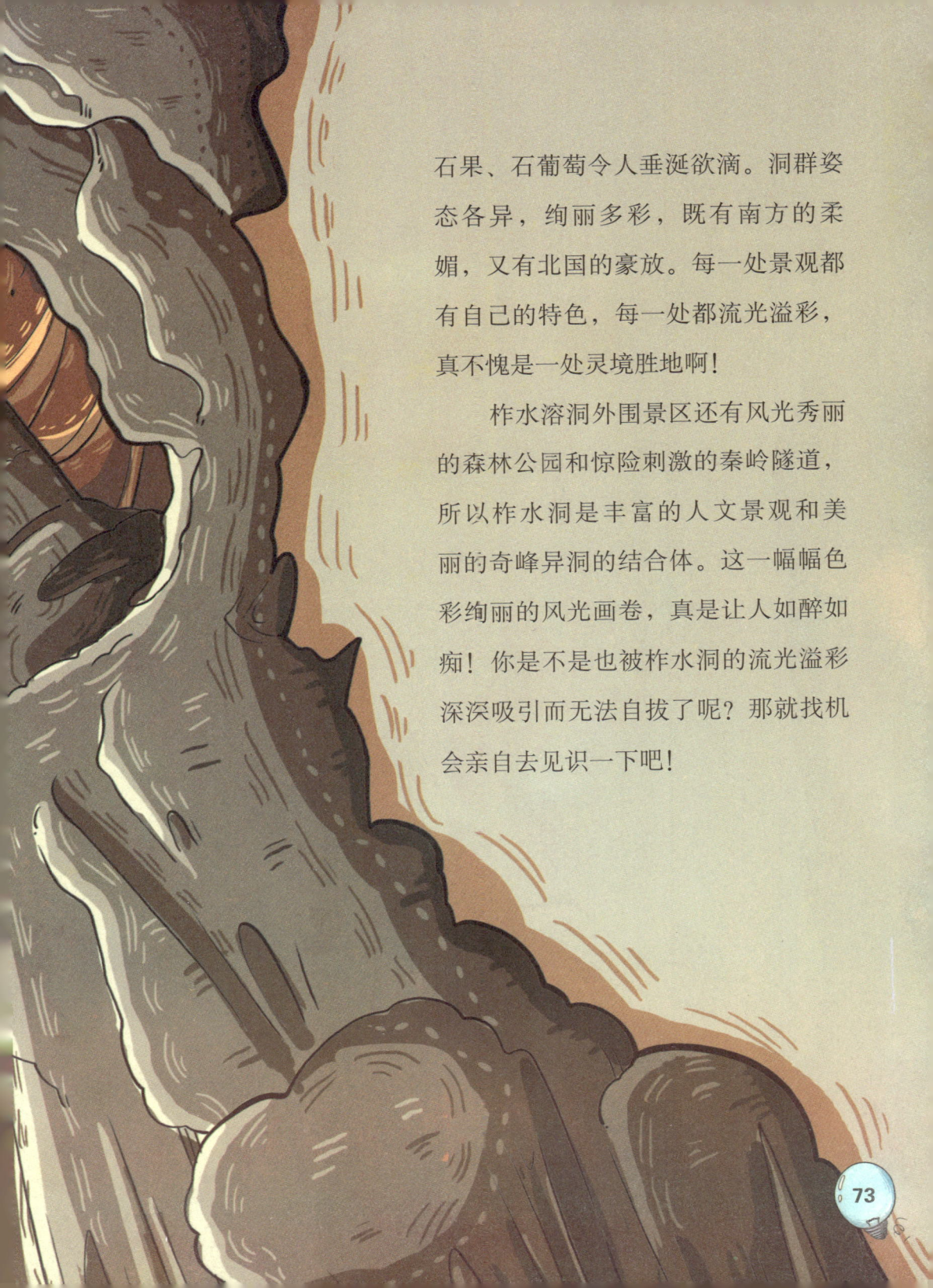

石果、石葡萄令人垂涎欲滴。洞群姿态各异，绚丽多彩，既有南方的柔媚，又有北国的豪放。每一处景观都有自己的特色，每一处都流光溢彩，真不愧是一处灵境胜地啊！

　　柞水溶洞外围景区还有风光秀丽的森林公园和惊险刺激的秦岭隧道，所以柞水洞是丰富的人文景观和美丽的奇峰异洞的结合体。这一幅幅色彩绚丽的风光画卷，真是让人如醉如痴！你是不是也被柞水洞的流光溢彩深深吸引而无法自拔了呢？那就找机会亲自去见识一下吧！

河北崆山白云洞
真是个迷宫

想必我们小时候都有过在游乐场的迷宫中行走的经历，当我们从入口走进去后，就会发现自己很难找到出口，有时还越走越糊涂。然而，我们玩过的迷宫毕竟是建筑师们设计出来的，其实，大自然也创造出了一个迷宫，就是被誉为"北国地下迷宫"的河北崆

崆山白云洞

山白云洞。现在，我们就来一起欣赏一下自然界赋予白云洞的神奇。

位于河北的崆山白云洞在邢台临城县境内，因为它开放得比较晚，所以很多人对白云洞还不是太熟悉。崆山白云洞虽然已经存在了很长的时间，但是直到1988年才被临城县当地上山采石的农民偶然发现。洞内奇特的喀斯特地貌以及岩溶洞穴景观使临城县政府随即开始了对白云洞的封洞保护，又组织了一大批专家学者前来论证考察。经过多方努力和历时两年的旅游开发规划，崆山白云洞终于在1990年7月正式对外开放，向世人揭开了它神秘的面纱。

白云洞包含了五个大洞厅，学者们给这五个

洞厅分别取名为"人间""天堂""迷宫""地府""龙宫"。光听这些名字，让人以为自己身处神话故事里呢。的确，崆山白云洞的美，让人不得不赞叹大自然"神来之手"的鬼斧神工。

现在，我们走进第一洞厅"人间"。这里十分宽敞明亮，有山有水，正是"人间"的好风景。洞厅里有很多湿润清新、从顶部下垂到地上的石钟乳，石钟乳其实是一种碳酸钙沉淀物。由于洞穴处在碳酸盐岩地区，经过漫长的地质变化，就形成了石钟乳。这个洞穴里还有一个被称作"小西湖"的水池，池中水映衬着千奇百怪的石钟乳，别有生趣！

第二洞穴"天堂"自然也少不了白云洞的主角石钟乳，但和"人间"不同的是，"天堂"里有如皇宫般的富丽堂皇，里面有"万寿台""玉簪对净瓶""横天一枝"等景观。其实它们的"材料"依旧是各式各样的钟乳石，钟乳石就像小精灵一样呈现出生动逼真的形态，仿佛成了神话故事中的主角。

再走进第三洞穴"迷宫"看看吧。这里的"迷宫"可比游乐场的迷宫要精彩得多。狭窄而潮湿的洞道，还有"迷宫"里曲曲折折的小路。这处于溶洞里的洞道被专家们称为"廊道"，是由地质上的节理破碎发育而成的。"迷宫"的廊道是东西走向的，曲折回环。

　　紧接着，我们就来到了第四洞穴"地府"。听到这个名字，是不是有一种可怕的阴森森的感觉啊！别怕，"地府"里的气氛尽管显得比较沉闷阴暗，但也无伤游赏的兴致。看，这是"阎罗王"，那是"森罗塔"……"地府"里残留了很多被石灰岩冲刷后的石头，展现了千奇百怪的形状。

　　走过"地府"，迎来"龙宫"。"龙宫"是这几个洞穴中最晚被发现的，因为整个造型宛如一条游龙而得名。它暂

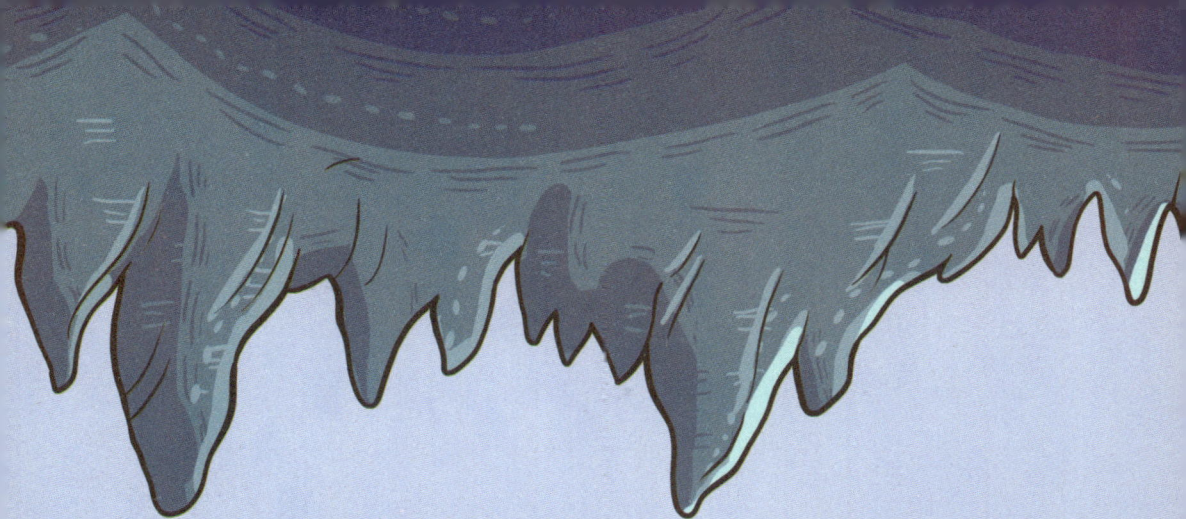

时还没有被开发，洞内也是各种奇特的景观。

五个洞穴各具特色，但相同的是，它们保持完好的洞穴生态真是蔚为壮观，让人叹为观止！

值得一提的是，这儿的泉水富含多种矿物质，甘甜可口还能延年益寿，因而在当地居民中，有很多健康长寿之人。

对了，崆山白云洞景区的空气也极佳，夏天温度最高的也只有23℃，是个度假避暑的好地方呢！如果有时间，一定要亲自来这"人间仙境"看看，绝对不会让你失望。

北京石花洞中的地质奇观

  大家知道在我国首都也存在着一个极为罕见的地下溶洞奇观吗？它就是位于北京房山区的石花洞，自形成至今可有几千万年之久了哦！别看现在的北京十分繁华，高楼耸立，但是在大约四亿年前，北京地区可是一片汪洋大海，海底沉积着大量的碳酸盐类物质。随着地壳运动，海底就慢慢抬升为了陆地。之后，许多岩溶洞穴被溶蚀而成，石花洞就是其

中之一。伴随着地壳运动的多次抬升和相对稳定的过程，多层多支的溶洞逐渐发育而成，这个地质奇观便形成啦。

2005年，石花洞获得了"中国最佳溶洞奇观"的称号，这可是非常高级别的赞誉了。不过要追溯它的命名，还不得不说起一段历史小故事。据说在明朝正统十一年的四月，有个圆广和尚云游时发现了这个洞，将其命名为"潜真洞"，并在洞口对面的石崖上镌刻了"地藏十王"像。明景泰七年，圆广和尚又

命石匠雕刻地藏王菩萨的佛像，安坐在第一洞室，将其称为"十佛洞"（石佛洞）。后来，因洞内有千姿百态、玲珑剔透的石花，在石花洞开发期间北京市政府就将其定名为"石花洞"。

石花洞内的洞穴资源集多样、典型、完整及稀缺等特点于一体，不仅极具观赏价值，还具有非常高的科研价值，非常珍贵。石花洞洞体分为上下七层，但目前仅对外开放一至四层，全长

2500米。石花洞内的自然景观不仅玲珑剔透，而且种类繁多，不仅有洁白无瑕的石笋、石竹、石幔、石瀑布、石钟乳、石坝、边槽、石梯田、石花、石枝、卷曲石、晶花、石菊、石毛、石珍珠、石葡萄等，还有许多自然形成的造型，如海龟护宝等。此外，这里还有晶莹的鹅管、珍珠宝塔、采光壁等，各个遥相呼应，互相映衬，惟妙惟肖，令人叹为观止。

洞中有这么多的美景，但是要说这洞内的第一奇观呀，就非月奶石莫属了。它好像一个漂亮的莲花池，里面盛开着美丽的莲花，形状好像大蘑菇。月奶石是一种乳酪状碳酸钙，它是由池水沉积形成的，具有含水量高、可塑性强的特点。它的沉积结构有蜂窝状、丝状、丝状与蜂窝的组合状。据专家探测，距今已有3.4万年历史了，不愧为洞内第一大奇观和全国之最啊！

这第二大奇观，就是名为"白玉银旗"的石旗了。它的高度有2.18米，宽有1.1米，是在洞顶的滴水和流水的协同作用下沉积形成的。石花洞的这面石旗有着水中杂质少、结晶慢的优点，所以通体十分透明，洁白如玉，因此得名"银旗"。

石花洞的第三大奇观就是石瀑布了。它

是由流水沉积作用而成的，主要成分是碳酸钙。瀑布高10米，宽20多米，是洞内最大的石瀑布，上部流水沿着洞壁裂隙向下流泻，因形似水流翻腾而得名"腾流瀑布"。

第四大奇观便是名为"火炬倒悬"的石钟乳啦，是由滴水和流水沉积作用形成的，由洞顶向下生长，高18米，宽3米，形似一个倒悬的火炬在熊熊燃烧着，故取名"火炬倒悬"。

第五大奇观是称为"龙宫帷幕"的石幔，是洞内最大的石幔群，气势恢宏。第六大奇观是名为"擎天鸳鸯柱"的石柱，是由石笋和石钟乳相连而成的，非常雄伟壮观。第七大奇观就是叫"龙女绣花台"的石盾啦，它是洞中最大的石盾哦！

当然啦，石花洞还有非常非常多的奇观，我们不能将其一一列出，但它们都具有一个共同的特点，那就是雄伟壮观、让人惊叹！石花洞简直就是壮观和神奇的结合体，其美学价值和科研价值都是无法衡量的！这一个个深奥的地质奇观简直是一个神奇的地理世界，真是让人不可思议、赞不绝口啊！大家还等什么呢，有机会就去亲眼见识见识吧！

雄伟的 辽宁本溪水洞

　　在欣赏了南国风光旖旎的洞穴后，你是否也想去领略一下北国的魅力风光呢？要知道，北国同样具有细致的柔美风光呢！当然，在这其中最具代表性的景点就是被称为

"北国第一水洞"的辽宁本溪水洞了。接下来，就让我们赶快去体验一番这份属于北国的柔美吧。

本溪水洞坐落于辽宁省本溪市以东方向的太子河河畔，总面积有42.2平方千米。本溪水洞既宽大又深邃，一条长长的地下河把整个洞穴都连通贯穿。因为沿着太子河，水源丰富，所以洞内的水流常年都不会枯竭，平均水深约1.5米，最深的地方可达7米。

也许你们会觉得奇怪，东北地区的降水都是比较少的，而且水资源也不丰富，怎么会出现这么大的一个水洞呢？还是让我来告诉你吧：在远古时期，本溪水洞所在的这片区域还是一片汪洋。那个时候的气候特别温暖，繁衍了许许多多的笋石类、腕足类、腹足类和梯虫类动物，遵循自然规律，它们都不停地繁衍后代，数量越来越多。由于流水的淘洗作用和不断下沉，它们的躯壳就慢慢地沉积下来，最后形成了各种各样的生物碳酸盐和化学碳酸盐。就是因为有了这些碳酸盐类，经过岩化作用，本溪水洞的石灰岩才能够最终得以形成。又过了很多年，随着地壳运动，海水渐渐地退了下去，这里就随之抬升为陆地了。然后就像前面所讲的溶洞形成过程一样，经过溶蚀作用，就形成今天的水洞了。最神奇的是这种溶蚀作用到现在都还没有停止，一直在进行哦！

在洞口处，还有一个码头，好多的观光船都在这儿来往穿梭，将近1000平方米的水面，像一面平静的镜子，在灯光的映射下显得刺眼，那倒映在水里的观光船和洞里的石笋，让人感觉仿佛进入了另一个世界。从缝隙中簇拥而出的各式各样的钟乳石、石笋和石柱都是未经人工雕饰而自然形成的，它们色彩繁杂，变化莫测。这个神秘的洞穴，无不体现出大自然的鬼斧神工。

　　水洞总共由9个宫组成，大多数的面积都在2000平方米以上。北极宫可以说是其中最为壮观的了。它有一个宽阔的洞府，有30多米高，是水洞里最高的地方。洞顶有好多的裂痕，也正是通过这些裂痕，水洞才可以和外界的空气相通，有很好的透气、通风效果，游人们在里面也不会觉得闷。

　　"钟乳奇峰景万千，轻舟碧水诗画间，钟秀只应仙界有，人间独此一洞天"，这是对本溪水洞最好的赞美，在惊叹大自然的

鬼斧神工、享受大自然给我们带来的愉悦与赞叹的同时更需要我们每个人爱惜、保护好大自然赠予我们的伟大宝藏。

外形像熏肉的
美国猛犸洞

　　可能有些人在小时候玩过动物卡片，听说过"猛犸象"这种动物，但是我们即将要了解的这个美国猛犸洞和生活在1.1万年前早就灭绝了的长毛巨兽猛犸象却没有什么关系。那么，这个猛犸洞为什么起了这样一个名字呢？

　　美国猛犸洞是世界上最长的洞穴，位于美国肯塔基州中部，是著名的世界遗产之一。它之所以得到这个名字，是因为它的洞

室庞大。

世界上最古老、最著名的洞穴群有很多，猛犸洞就是其中之一。传说，在1799年一个名叫罗伯特·霍钦的猎人为了追赶一只受伤的野熊，偶然发现了这个猛犸洞。到目前为止，猛犸洞被探测到的地下通道已经长达587千米，是世界上探测到的最长的洞穴。而实际上究竟有多长谁都不知道，因为至今仍旧在探索中。

猛犸洞最吸引世界各地游客的地方就是它的方解石垂悬结构。它还因为外形酷似熏肉，被大家形象地称为"洞穴熏肉"。熏肉可是既营养丰富又美味的食品呢，可是猛犸洞里的方解石怎么长得和饭桌上的熏肉一样呢？它是怎样形成的呢？原来啊，造就了像熏肉一样的层状结构的，是猛犸洞内的层状流石。由于受流水的作用，矿物质不断沉积，再加上降雨量变化、矿物质含量平衡不断地影响着在流石上方的水的移动速度和矿物质含量。哎呀，大自然的神奇

奥妙真是让人感叹啊！假如我们站在这个洞中抬头看上去，哇，上面竟然悬着那么多的"熏肉"呀，真是让人垂涎三尺啊！

猛犸洞就像个巨大又幽深的地下迷宫，这里总共有255座溶洞，分5层组成，东南西北四个方向都是互通的，真可谓洞中有洞。不仅如此，这些洞里还有77个地下大厅、3条暗河、7道瀑布、数不胜数的暗湖，它的总延伸长将近250千米呢！猛犸洞能在世界洞穴领域占据一席之地，正是因为它的溶洞之多、之奇、之大。

从远处看形状略有点像椭圆形的正是77座地下大厅中最高的"酋长殿"，这里可以容纳数千游客哦！而"星辰大厅"是这些大厅中最具特色

的一座大厅，在由黑色氧化物形成的那个黑乎乎的顶棚上面，还能看到好多好多雪白的石膏结晶，抬起头往上看，就仿佛我们在夜晚仰望的那漫天闪烁的星空，特别富有诗情画意呢！

回音河是猛犸洞中一条巨大的暗河，游客可以一边划着独木舟沿着河流往上游走，一边享受猛犸洞的秀丽风光，真叫一个惬意啊！而且它比我们的水平地面要低110米哦！哇，在回音河里还有长得十分奇特的盲鱼，如果用心观察，你就会发现，它们居然没有眼睛，也正因如此，才给它们起名叫盲鱼。更令人开心的是，这个神秘的洞穴里有我们没见过的珍稀动物呢，比如穴蟋蟀、无色蜘蛛、印第安纳蝙蝠和盲螯虾等等，洞穴生物居然有50

多种，真让人大开眼界！

　　这个猛犸洞穴真是集美丽和神奇于一身啊！那湿润清新的石钟乳、像吸管一样倒立的石柱、长笛模样的石盾，还有一个接一个的地下洞，越来越多的景象都让人觉得不可思议！莫非这就是迪斯尼童话里埋藏在地底下神奇的地理世界吗？

　　猛犸洞穴是世界上已知的最大、最多样化的地下洞穴体系之一！更让人吃惊的是，考古学家在猛犸洞里还发现了很多处几乎可以代表1万年

以来的人类历史的遗址。而且据测定表明，猛犸洞的洞穴中还有我们史前的祖先在洞中探险和采矿所留下的痕迹。不仅如此，猛犸洞里存在的硝石是生产黑色火药的原料之一，并且从1812年到1819年被大量开采。

此外，猛犸洞中那最让人流连忘返的神秘的水洼、水珠四溅的地下瀑布等也让人惊叹不已！

"盐洞"养生

你知道如今最时髦最好玩的养生方式是什么吗？告诉你吧，是"盐洞"养生。位于美国芝加哥珀塔吉公园地下深处就有一个神奇的人造"盐洞"——加洛斯盐洞。最早开始"盐洞"养生的是东欧人，由于盐具有一定的治疗功效，所以越来越多的人推崇"盐疗"。而在加洛斯盐洞里，空气十分清新，不但可以使人放松心情，还能起到疗养的效果。至于是盐本身还是其内部所含的碘化物让空气保持清新的，那就不得而知了。

壮美的美国卡尔斯巴德洞窟

前面我们介绍了很多洞穴，都离不开碳酸钙这种物质。我们平常最常见的石灰岩，其最主要的成分就是碳酸钙了。但是，如果告诉你，碳酸钙还能变成金光闪闪、让无数女人心动的珍珠，你们会相信吗？在遥远的美国西部新墨西哥州佩科斯河西岸的吉娃娃森林里，有一个美丽又神秘的

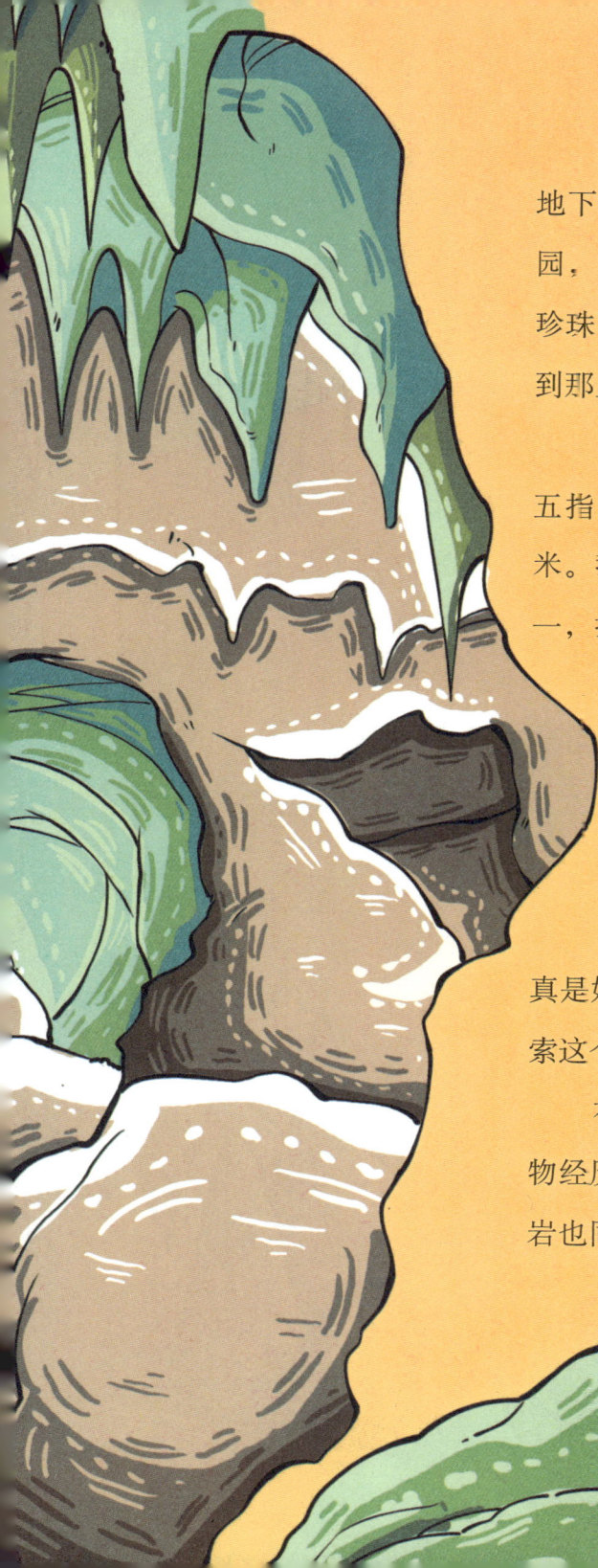

地下洞穴世界——卡尔斯巴德洞窟公园，那里就有无数温润饱满的"洞穴珍珠"。这是真的吗？现在就请大家到那里去看看吧！

卡尔斯巴德洞窟是一个伸手不见五指又相当神秘的深洞，深达483千米。我们的肉眼只能看到它的十分之一，扔一块石头下去，都能听见清脆又持久的回音。它的形状和颜色都让人惊叹，又有如此庞大的体积，怪不得美国滑稽演员威尔·罗杰斯把这个地下奇景称为"带屋顶的大峡谷"呢！真是妙趣横生，让人不得不心生去探索这个洞穴的向往！

在过去的几亿年中，地球上的生物经历了无数次更迭，而古老的石灰岩也同样经过地质演变，慢慢沉淀慢慢断裂，含有丰富矿物质的流水不断将岩层溶解，凿出了一个又一个洞穴。经过这千万年的演化和溶解，滴水穿石，终于演化成了现在卡尔斯巴德洞窟所呈现的这些岩石阵列。有的岩石比较高大，甚至有6层楼那么高；而有的就比较小，但很精美。这个神奇的洞穴迷宫，同时也是个天然的地质实验室，在此不仅可以饱览那丰富多样的矿物质，还可以研究地质变迁的真实过程，真可谓一举两得啊！

　　进到洞内，奇形怪状而又美丽的钟乳石和石笋就会映入我们的眼帘，而且每处钟乳石的名字都好有意思啊，像什么"恶魔之泉""国王宫殿""太阳神殿"等，看，这些名字是不是很特别呀？

卡尔斯巴德洞窟最奇特的景色之一就是石炭帷幕了。如果我们轻轻地击打它们，还会听到它们发出悦耳动听的声音呢！另外一个景观就是我们刚刚说过的"洞穴珍珠"了。这些"珍珠"非常诱人！它们是怎么形成的呢？还是让我来告诉你吧！它们原先只是一些小沙粒，后来表面渐渐裹上了一层碳酸钙，然后就变成了一个又一个色泽温润的小石球，如同珍珠一般闪闪发光，真是闪闪惹人爱啊！在我们游览的过程中，能在洞里看到很多色彩缤纷、让人眼花缭乱的岩石，这洞内的景色真的美丽啊！也许有人

要问了，在这个深深的洞穴里，怎么会有如此绚烂的色彩呢？其实，这些颜色都来自于岩石里含有的氧化铁沉淀物。

说起卡尔斯巴德洞窟，我们还不得不提到一个景观，那就是巨型洞室。它可是有1200米长、188米宽、85米高呢。它的四围点缀着美丽的钟乳幔，看起来就像一个豪华的宫殿，让置身于这里的我们感受到了当王子和公主的意境！而到了黄昏时刻，数以万计的蝙蝠就会从洞穴深处成群结队地飞出去觅食。由于蝙蝠太

多，甚至将整个洞口都挡住了，形成一个巨大的黑网。真的是太宏伟壮丽了！

这里不仅仅是蝙蝠的天堂，还栖息着许许多多可爱的野生动物，比如长耳鹿、草原狼、美洲狮、地鼠、臭鼬、狐狸、浣熊和一些沙漠爬行动物，等等。香气扑鼻、沁人心脾的野生植物也不计其数，有龙舌兰、仙人掌和墨西哥刺木，等等。

如果你想到这里参观，可以选择在冬天的时候，因为这里的冬天十分温暖，并且卡尔斯巴德洞窟是位于地下的洞穴，常年都保持着十几摄氏度的气温，所以感觉相当舒适。

最美的美国
列楚基耶洞

　　你们知道哪一个洞穴被联合国教科文组织评为"全世界最美洞穴"吗？我来告诉你们，那就是位于美国新墨西哥州的列楚基耶洞穴，现在我们就来看看这个全世界最美的洞穴到底美在哪里吧。

　　在数百万年的时间里，这座美丽的洞穴一直孤独地沉寂着。直到1984年，它才被探险者发现。当探险者们在坑底挖开松动的岩石、打通洞内的通道进入后，首先映入眼帘的就是那不胜枚举的洞内隧道。这个几乎被荒漠坡地所吞噬的惊人洞穴，不仅有着迄今为止最精美的地下构造，还拥有非比寻常的奇特洞穴生态系统，这使探险者们惊叹不已。

这里整个地段充满了各种奇特的形状，再向深处走去，晶莹的水晶在洞中岩壁上随处林立着，整个洞穴都遍布着这种天然的水晶雕塑。洞底还有幽静清冽的地下水池，真像是一个悬挂着枝丫状的水晶吊灯的美丽的水晶皇宫！毋庸置疑，世界上最富丽堂皇最奇妙的洞穴大厅肯定就是列楚基耶洞穴大厅！大自然的鬼斧神工在这里的确是得到了淋漓尽致的体现。现代人类的加工技术，根本不

能雕塑出如此美丽的晶体。这些水晶雕塑都是由纯净的生石膏天然形成的。从外观上看，它们晶莹剔透，和我们经常能看到的石英水晶很类似，有一点不同的是，它们都很脆弱，所以就算是极其轻微的碰撞和震动，都有可能让它们崩溃瓦解。所以，假如你们到这里参观，千万要记得小心，不要去触碰它们哦！

在壁洞上还有罕见的方解石，看起来和妈妈平时给我们泡的小麦片很像呢。据科学家说，这些波纹结构是因为水面反复升降，最后只剩下了方解石沉积物才形成的。

这神奇的列楚基耶洞穴真是给我们太多的惊喜了！在洞里，还有一些罕见的、世界上其他地方都找不到的堆积物，比如那高达6米的石膏胡须和头发，还有那些形似汽水吸管和水菱镁矿气球、U形和J形管圈的晶体。每一件都可以和世界上任何一个艺术展览上的作品相媲美，都是绝美的天然艺术品。

探险者发现，列楚基耶洞穴通道里数千米长的石灰岩实际上已经被硫酸腐蚀和溶解掉了。也正是如此，才构造了整个奇妙的列楚基耶洞穴，因为石灰

岩经硫酸溶解后，只剩下了石膏。不仅如此，探险者们还发现，许多依赖岩石生存的极端生物竟然可以做到不需要一点点太阳光而存活下去。这不禁又让我们感叹，我们未知的地下世界是多么精彩、复杂啊，大自然是多么神奇奥妙啊！

我们应该感谢这些探险家，是他们让它展现在我们面前，给我们的

世界又增添了一幅美丽的画面。自从列楚基耶洞穴被发现以后，一批又一批勇敢的勘探者被吸引前来探险。在美国地图上，我们就能找到这座美丽洞穴的准确位置和它的地下通道。我们无法预知，美妙的大自然究竟还有多少个地下深穴等待着我们的探险者去探索和发掘。据说到目前为止，为我们所知的石灰岩洞穴还不到全球的一半呢，就让我们静静地期待这个更美丽更神奇的地下世界早日出现在我们面前吧！

世界上最深的洞穴

世界上最深的洞穴是哪几个呢？它们又有多深呢？世界上最深的洞穴是美国的库鲁伯亚拉洞穴，深度达到2080米；位居第二的是澳大利亚的兰普雷希茨索芬洞穴，深度为1631米；第三大的就是法国的高尔夫－米罗尔达洞穴，深度为1626米。

美丽的墨西哥奈卡水晶洞

　　大家对水晶肯定都不陌生，晶莹剔透，深得人们的喜爱。那么，我们即将要介绍的这个墨西哥奈卡水晶洞难道出产水晶吗？那一定非常漂亮吧？至于这个水晶洞到底怎么样呢，还是请大家跟着我一起去看一下吧。

　　奈卡水晶洞位于墨西哥奇瓦瓦沙漠地下，深约305米。1794年，采矿者在奈卡洞附近开采银矿和铅矿的时候，意外地发现了这个巨大的充水洞穴。在将其中炙热的水抽尽之后，一个奇妙的"世界"出现在了大家的面前。在这个"世界"里，硕大的"水晶"随处可见，它们发着光，全部都是半透明的金色和银色，像巨人一般，有的甚至达到11米高、55吨重。这里就和动画片里超人的北极秘密基地一样神秘，拥有目前为止地球上探测到的最大的天然"水晶"，在它们面前，高大的矿工们都只能像一个个小矮人一样，要抬头仰视这幅精致的大自然图画。

　　世界上最大的水晶洞穴就是墨西哥奈卡水晶洞。说是水晶洞，大家莫要以为这里头都是水晶，它们呀，可不是真正的水晶，和我们的商场里售卖的水晶可大不相同呢。它们不是由二氧化硅结晶形成的，更不是什么六棱锥或者六棱柱形状的。你肯定着急了：那这个水晶洞中的"水晶"到底是什么样的呢？哈哈，告诉你吧，原来，这些所谓的"水晶"都是由含有硫酸钙的地下水形成的。由于地下1.6千米的地方全是岩

浆，在过去的数百万年里，这些含有硫酸钙的地下水经过岩浆不断地加热，经过加热的地下水又不断地渗透整个洞穴，最后形成了这个美丽奇特的水晶洞。

但是这个"水晶宫"美得让人窒息的同时，其温度和湿度也让我们唏嘘不已。它的温度已经达到了49℃，而湿度也接近了100%！总之，内部环境十分恶劣！如果没有专业特制的制冷服和呼吸面罩进行保护的话，人们在那里根本就没有办法停留太长时间。如果勘探者毫无防护地进入洞穴，在里面肯定超不过1个小时就受不了了。可是尽管如此，为了拍下许多让人难以相信但又十分珍贵的图片和录像，来自世界各地的探险家们还是来到了这里，他们勇敢地走进洞穴，与奈卡水晶洞的恶劣环境和探测的艰险做斗争。就是因为他们的努力，我们现在才能欣赏到这个真正意义上的自然奇迹！

最迷人的
墨西哥燕子洞

　　墨西哥燕子洞位于墨西哥中北部圣路易斯波托西州的阿奇斯蒙小镇，被誉为"世界十大最迷人的洞穴"之一。20世纪60年代，3个探险家发现了它，自此它才被世人所知。它为什么叫"燕子洞"呢？难道里面有很多燕子吗？其实，这是因为有成千上万的蝙蝠、鹦鹉和燕子栖息在洞穴的岩壁上，而其中数白领雨燕的数量

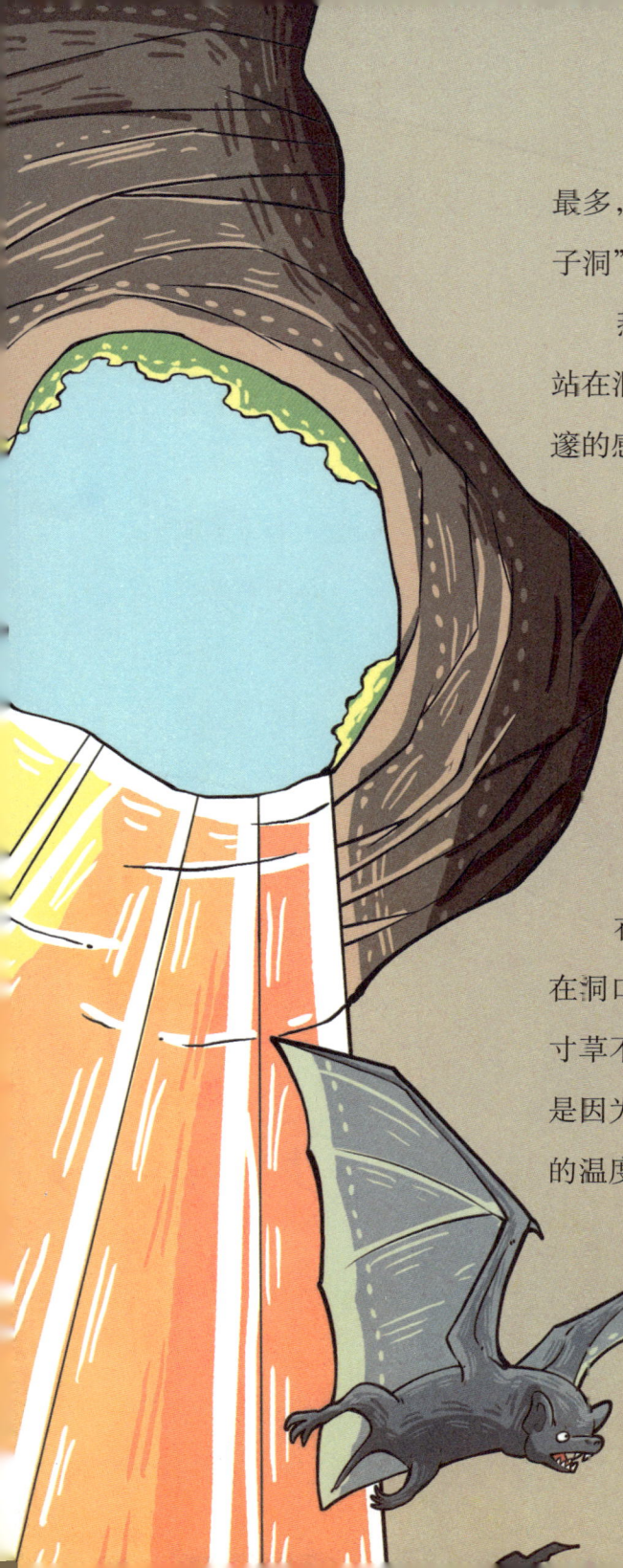

最多，所以便将这个洞穴起名为"燕子洞"。

燕子洞是世界上最深的竖穴，站在洞口向下望去，给人一种特别深邃的感觉，甚至可以说是深不可测！

据说，燕子洞达到了426米的垂直深度，相当于一座140多层的摩天大厦的高度。从外形上看，洞口和洞穴上方比较窄，进入洞内以后就越往下越宽，所以，从整体看，这个洞穴就像个大锥子。

在这里你会发现，植被都集中在洞口，越往下越稀疏，到了洞底就寸草不生了。之所以会有这种现象，是因为洞口和洞底的温差巨大，洞底的温度极其低，植物根本无法生长；

而洞口相对要温暖一些，比较适合植物生长。

　　英国广播公司为了拍摄科学系列片《行星地球》，曾经对地球上各个著名的洞穴都进行了探索，这其中当然也包括美丽的墨西哥燕子洞啦。当时，摄制组派出了一名探险者入洞一探究竟，想要清楚地获取到燕子洞内的神秘风景的图片和录像。这名探险者勇敢地纵身跳下这个黑不见底的洞穴，什么安全装置都没有戴，后背仅仅系上了一个降落伞，真是太让人不可思议了！自由落体开始大概5秒钟后，他打开背上的降落伞，安全平缓地降落在燕子洞底部的大平台上。进入燕子洞后，他利用摄制组在他的头上绑着的

一个高清摄像机，开始拍摄洞内的景色。殊不知，这名勇敢跳向"地球中心"的探险者，从洞口跳下到达洞底只花了仅仅1分钟的时间，可是等他完成整个洞穴探索过程后，爬出这个巨大的深坑却花费了整整2个小时的时间。

自从这个洞穴被发现后，就吸引了很多游客前来，尤其是高空跳伞运动员，为了体验非一般人能体验到的极限，他们把这里当作跳伞塔，挑战极限。相信那种感觉一定是非常刺激的。如果你也喜欢跳伞，等长大后，也可以到这里一试哦！

位于水下的 洪都拉斯大蓝洞

　　神奇的大自然无时无刻不在创造着各种各样的奇迹，期待着我们不断去探索、去发现。在中美洲洪都拉斯首都伯利兹市东部大约97千米附近的海域，有一座大蓝洞。为什么叫它"大蓝

洞"呢？主要是因为它散发着蓝色的光泽且深不见底。从外形上看，著名的洪都拉斯伯利兹大蓝洞呈圆形。洞穴直径为305米、深122米，因为位于大海之中，因此还有人给它起了一个美丽的名字——"大海的瞳孔"。大蓝洞一直以它丰富多样的海绵、梭鱼、珊瑚、天使鱼而闻名于世。

那你们知道大蓝洞又是怎么形成的吗？呵呵，还是让我来揭晓答案吧！其实啊，洪都拉斯大蓝洞在很久以前还是一个干涸的大

洞！洪都拉斯大蓝洞属于大巴哈马浅滩的海底高原边缘的灯塔暗礁的一部分，而附近的巴哈马群岛是一个石灰质平台，形成于1.3亿年前。大蓝洞的形成，是因为淡水与海水相交，互相侵蚀，最后就在这片石灰质地带形成了许许多多的岩溶孔洞，大蓝洞就是这众多岩洞中的一个。之所以会出现这样的情况，主要是因为随着冰河时代来临，气候越来越寒冷了，水全都冻结在了地球的冰冠和冰川里，这就使得海平面不断地下降，于是就形成了岩溶孔洞。

大蓝洞还拥有一个近乎完美的圆形开口，这是由于石灰质的顶端有许多小孔而且十分疏松，再加上地震和重力的原因，这里渐渐坍陷下去造成的。这个镶嵌在海中美丽的蓝色"瞳孔"形成的原因很简单，等到冰川消融以后，海平面又逐渐上升，这时海水倒灌，

这"瞳孔"就形成啦!

洪都拉斯大蓝洞可是世界上闻名的潜水胜地哦。它的美丽就像一个充满了魔力的磁场,吸引着全世界的潜水爱好者。它还曾被潜水专家们封为最佳的潜水宝地之一呢!

听到这里,你是不是也想冲向这个神秘的海下洞穴,亲身体验、一探究竟呢?虽然有这个想法,但现在我们还不能实施,因为,这个海下洞穴并不适合一般的旅客前往潜水,因为大蓝洞太深了,而且里面还有数不胜数的钟乳石群在它深邃的洞穴内部成长。除此之外,这片海域还是出了名的鲨鱼的活跃区域。所以,大家最好还是不要轻易前往哦。

卡普里岛蓝洞

前面我们介绍了洪都拉斯大蓝洞,你知道吗?其实在意大利的卡普里岛也存在一个蓝洞。这个蓝洞被誉为世界上七大奇景之一。这个蓝洞的洞口很小,只能乘坐一只很小的船进去。因为这个洞的洞口结构特殊,阳光只能从洞口射进洞内,之后又通过洞底的水反射上来,所以看起来洞内的海水呈现一片蓝色。就连洞内的岩石看起来也是蓝色的,因此人们就将其称为"蓝洞"了。